Horst Moosleitner / Robert Patzner

UNTERWASSERFÜHRER MITTELMEER

Niedere Tiere

UNDERWATER GUIDE MEDITERRANEAN

Invertebrates

Delius Klasing
EDITION NAGLSCHMID

Die Deutsche Bibliothek – CIP Einheitsaufnahme

Unterwasserführer Mittelmeer = Underwater guide; Mediterranean Sea/Hrsg.:
Friedrich Naglschmid. Horst Moosleitner; Robert Patzner. – Stuttgart: Naglschmid.
NE: Moosleitner, Horst; Patzner, A.; Naglschmid, Friedrich [Hrsg.]; PT
Niedere Tiere. – 1995
(Delius Klasing / Edition Naglschmid: Unterwasserführer; Bd. 4)
ISBN 3-89594-000-3
NE: Delius Klasing / Edition Naglschmid / Unterwasserführer

ISBN 3-89594-000-3

Herausgeber: Dr. Friedrich Naglschmid
Titelfoto: Robert A. Patzner/MTi
Zeichnungen: Stephanie Naglschmid/MTi

Alle Abb.: MTi-Press Stuttgart. (o = oben/above, u = unten/below, i = Insert/inset, r = rechts/right, l = links/left)
Baumgartner, Andreas: 55 u; *Bergbauer, Matthias:* 27 o, 79 o-i; *Dworschak, Peter:* 125 u-l, 125 u-r; *Fülle, Horst:* 71 o-i, 107 u-i; *Göthel, Helmut:* 27 o-i, 59 o-i, 73 u; *Hirschel, Kurt:* 59 o-i; *Hübner, Ralf:* 109 u, 115 u-i; *Humberg, Bernd:* 28 u, 51 u, 51 u-io, 51 u-iu, 53 o; *Illich, Inge:* 35 u, 37 u, 45 u, 67 o-i, 191 u; *Kirschner, Manuela:* 59 o-l; *Moosleitner, Horst:* 23 u, 25 o, 26 u-r, 26 u-l, 27 u, 29 o, 31 o, 39 u, 41 o, 41 u, 43 o, 43 u, 45 o, 49 o, 49 u, 51 o, 65 o-r, 65 o-l, 65 u, 75 u, 77 u, 79 u, 81 o, 81 u, 83 o, 83 u, 85 o-l, 85 u, 87 u, 89 u, 91 o, 93 o, 94 o, 95 u, 97 u, 99 o, 101 o-r, 101 u, 103 o, 103 u, 105 u, 107 u, 121 o, 123 u, 127 o, 131 u, 133 u, 137 o, 141 o, 143 o-i, 147 u, 149 o, 151 o, 151 u, 153 o, 155 o, 155 o-i, 155 u, 157 o, 161 u, 165 o, 167 u, 169 o, 173 u, 175 u, 179 u, 181 u, 182 o, 182 u, 183 o, 183 u, 185 o, 185 u, 185 u-i, 187 o, 187 u, 189 u, 191 o, 195 u, 197 o, 197 u, 198 u, 199 o, 199 u; *Naglschmid, Friedrich:* 37 u-i, 41 o-i, 59 o, 79 u-i, 100 u, 111 u-i, 177 o-i; *Paschke, Dietmar:* 47 u; *Patzner, Robert A.:* 25 u, 29 u, 31 o-i, 31 u, 31 u-i, 37 o-r, 37 o-l, 47 u-i, 49 u-i, 53 u, 53 u-i, 55 u-i, 57 u, 57 u-i, 58 u-r, 58 u-l, 59 u, 60 u, 61 o, 61 u, 63 o, 63 u, 67 o, 67 u, 69 o, 69 o-i, 69 u, 71 o, 71 u, 73 o-i, 73 u-i, 75 o, 75 o-i, 75 u-i, 77 o, 77 u-i, 79 o, 85 o-r, 87 o, 93 u, 95 o, 99 u, 101 o-l, 105 o, 111 u, 113 u, 115 o, 116 u, 117 o, 117 u, 119 o, 119 u, 126 u, 127 u, 129 o, 129 u, 133 o, 135 o, 137 u, 139 u, 141 u, 149 o-i, 149 u, 151 o-i, 153 u, 157 u, 161 o, 165 o-i, 165 u, 165 u-i, 167 o, 169 u, 169 u-i, 171 u, 171 u-i, 173 o, 173 o-i, 175 o, 177 o, 177 u, 181 o, 184 u, 187 o-i, 187 u-i, 193 o, 193 u, 193 u-i; *Riedl, Rupert:* 125 o, 135 u, 147 o, 159 u, 163 u; *Rödiger, Arnd:* 145 u; *Stachowitsch, Michael:* 139 o; *Zieglmayer, Gertrud:* 91 u, 155 u.

Umschlaggestaltung: Buchholz / Hinsch / Hersinger, Hamburg
Englische Version: S. und D. Gaffan
Druck: Kunst- und Werbedruck, Bad Oeynhausen
Printed in Germany 1995

Dieses Buch wurde auf umweltschonendem, chlorfrei gebleichtem Papier gedruckt.

VORWORT

Mit jährlich über 120 Millionen Besuchern sind die Küsten des Mittelmeeres das bedeutendste Freizeitrefugium für uns Europäer. Klima, landschaftliche Schönheit, Vielseitigkeit des touristischen Angebotes und bequeme Anreisemöglichkeiten tragen zu dieser großen Beliebtheit bei. So ist das Mittelmeer mit seinem Schwerpunkt Wassersport natürlich auch ein bevorzugtes Ziel für europäische Taucher. Nicht zuletzt ist es dies wegen seiner guten Erreichbarkeit auch mit dem eigenen Pkw und der damit verbundenen Möglichkeit des Einsatzes der gesamten Ausrüstung.
Als unser nächstes Meer mit verträglichen Temperaturen und einer gemischten Fauna und Flora, die große Abwechslungen und vielseitige Erlebnisse ermöglicht, bedarf aber gerade das Mittelmeer unseres besonderen Schutzes und Einfühlungsvermögens.
Unsere beiden Bände „Mittelmeer – Fische" und „Mittelmeer – Niedere Tiere" sollen hierzu einen informativen Beitrag leisten. Sie sollen, wie alle anderen Bücher der Reihe Unterwasser-Führer, helfen, sich einzusehen in die fantastische Unterwasserwelt der vorgestellten Meere und erfolgreiche Tierbegegnungen zu haben und gleichzeitig ein Aufruf sein, alles nur Erdenkliche zu tun, um diese Tiere und vor allem ihre Lebensräume zu erhalten.
Sie sollen eine Anleitung sein, diese Welt zu erleben, etwas über sie zu erfahren, Zusammenhänge zu erforschen und diese Lebenswunder schließlich auch zu erhalten.

FOREWORD

With more than 120 Million visitors the coasts of the Mediterranean are the most important destination for Europeans. The climate, the beauty, the variety of touristic opportunities and the ease to get there are the reasons for this popularity. That's why the Mediterranean is also the main destination for european divers, who can reach this diving area by car. So they have the advantage to use their own boats and diving gears. Being our next sea with acceptable temperatures and a fauna and flora of great diversity, which offers much alternation and various experiences, especially the Mediterranean needs our protection and appreciation. Both of our books "Mediterranean fish" and "Mediterranean invertebrates" are to contribute information on this aspect. They are to help, like all other titles of the series "Underwaterguides", to have a look into this fantastic underwaterworld of the seas we introduce, to have successful meetings with fauna and flora, and they also are to appeal to do everything to protect this species and their biotopes. The books want to instruct to experience this world, to get information about it to explore and to investigate the relationships and finally to preserve this world.

Stuttgart, April 1995 · Dr. Friedrich Naglschmid
Präsident Förderkreis Sporttauchen
Vizepräsident des Verbandes Deutscher
Sporttaucher

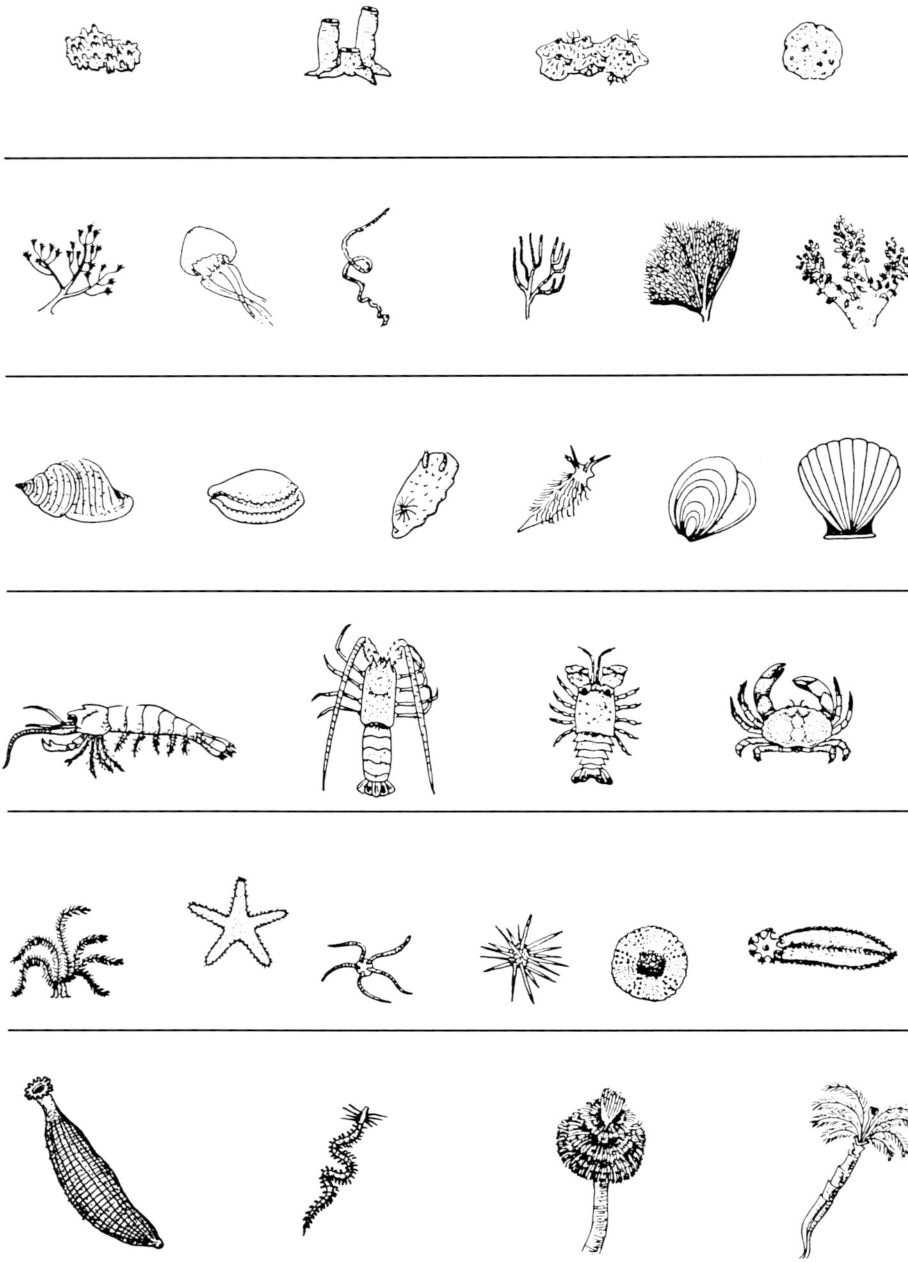

BESTIMMUNGSSCHLÜSSEL

Schwämme
22 - 31
Sponges

Hohltiere, Rippenquallen
32 - 71
Coelenterates,

Weichtiere
72 - 109
Molluscs

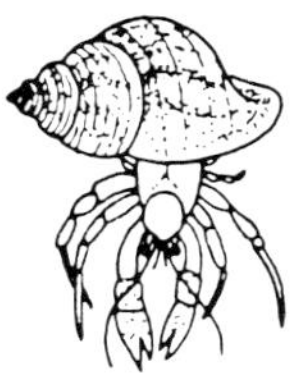

Gliederfüßer
110 - 141
Anthropodes

Stachelhäuter
142 - 175
Echinoderms

Verschiedene Stämme
176 - 199
Different tribes

INHALT

CONTENTS

EINLEITUNG

Das Mittelmeer ist mit 2,7 Millionen Quadratkilometern Oberfläche ein Anhang des Atlantischen Ozeans, mit dem es durch die Straße von Gibraltar verbunden ist. Durch die etwa 15 km breite und 300 m tiefe Gibraltarschwelle strömt ständig Atlantik-Wasser in das Mittelmeer, verursacht durch die hohe Verdunstungsrate in den trockenen, heißen Sommermonaten. Durchschnittlich 1500 km^3 Wasser verdunsten jährlich und nur ein Zehntel davon kann durch Regen und Süßwasserzufluß ausgeglichen werden. Würde man die Straße von Gibraltar schließen, wäre das Mittelmeer in etwa tausend Jahren ausgetrocknet.

Durch diese enorme Verdunstungsrate erklärt sich der hohe Salzgehalt (39 Promille) im Osten des Mittelmeeres. Der atlantische Zustrom bringt ständig salzärmeres Wasser (36,5 Promille) ein; zugleich strömt aber auch ein Teil des schwereren und wärmeren Mittelmeerwassers als Tiefenstrom in den Atlantik zurück.

Die bewegte Entstehungsgeschichte des Mittelmeeres ist immer noch nicht genau erforscht. Man weiß heute, daß zunächst ein breites Meerband den Atlantischen und den Indischen Ozean mit einer einheitlichen Tier- und Pflanzenwelt verband. Durch die Nordwestdrift Afrikas kam es zu einer Kollision mit Asien, wodurch die Verbindung mit dem Indischen Ozean verloren ging. Etwas später setzte die Kollision mit Europa ein, wodurch die Verbindung mit dem Atlantik stark eingeschränkt wurde. Bis vor kurzer Zeit vermutete man, daß diese Verbindung unterbrochen wurde und das Mittelmeer austrocknete! Neueste Forschungen zweifeln jedoch an dieser „Wüstentheorie". Man nimmt an, daß der Boden des Mittelmeeres am Ende des Miozäns sehr viel anders gestaltet war als heute. Durch die Verschiebung der eurasischen und afrikanischen Schollen änderten sich die Formen und Tiefen der einzelnen Becken mehrmals. Der Boden war jedoch immer von relativ stark salzhaltigem Wasser von mehreren hundert Metern Tiefe bedeckt.

Während der nachfolgenden Eiszeiten kam es vorübergehend zu einer starken Abkühlung des Mittelmeeres, die eine Besiedlung mit Kaltwasserformen aus dem Nordatlantik zur Folge hatte. Die meisten wärmeliebenden Arten starben aus oder konnten nur im tropischen Atlantik an der westafrikanischen Küste überdauern. Dort entwickelten sich auch neue Arten, die dann etappenweise - meist erst nach der letzten Eiszeit - ins Mittelmeer einwanderten. Die wärmeliebenden Arten drangen der Nordküste Afrikas entlang bis ins östliche Mittelmeer vor. Die kälteliebenden Arten zogen sich in tiefere Zonen oder in den kühleren Nordwesten zurück oder starben aus. Die Abgeschlossenheit des Mittelmeers bewirkte ähnlich wie im Roten Meer die Entwicklung eigener (endemischer) Arten.

Als 1869 der Suez-Kanal eröffnet wurde, begannen einige Arten aus dem Roten Meer einzuwandern, aber nur wenigen, besonders widerstandsfähigen Arten ist dies gelungen. Sie haben sich zum Teil recht gut an die Bedingungen dieses gemäßigten Meeres angepaßt und verdrängen sogar ansässige Arten. Eine ganze

Reihe von ihnen bewohnt heute schon Teile des östlichen Mittelmeeres, dessen Jahresdurchschnittstemperatur etwa 5°C über der des westlichen Bereiches liegt, und breitet sich mit Strömungen, die gegen den Uhrzeigersinn verlaufen, aus. Einige erreichten bereits die Ägäis, manche sogar Sizilien.

Die gegenwärtige Situation ist nicht statisch: auch heute noch drängt Afrika gegen Europa, verengt das Meer und wird es in ferner Zukunft vielleicht sogar zum Verschwinden bringen. Doch die Gefahr des Unterganges liegt viel näher! Schon seit den 50er Jahren weiß man, daß durch ungeklärte Einleitungen von Abwässern aus Industrie, Landwirtschaft und Haushalten das Mittelmeer derart mit organischen Stoffen, Ölen, Schwermetallen und anderen Schadstoffen belastet wird, daß seine Tier- und Pflanzenwelt stark gefährdet ist. Schon heute sind manche Teile so verseucht, daß Baden dort nicht mehr ratsam ist.

In Gebieten wie etwa der nördlichen Adria bricht der Sauerstoffhaushalt durch die explosionsartige Vermehrung bestimmter Algenarten, sogenannter Algenblüten, immer wieder zusammen. Es ist bis heute allerdings noch immer nicht geklärt, ob das Auftreten des „Algenschleimes", der in den Sommern 1988 und 1989 Schlagzeilen gemacht hat, von der verstärkten Verschmutzung der nördlichen Adria herrührt, oder ob die Ursache nur klimatisch bedingt ist, wie einige Meeresbiologen vermuten. Der Schleim wurde nämlich bereits 1726 zum ersten Mal beobachtet. Welche Ursachen auch immer diese unangenehme Erscheinung hat, eines steht jedenfalls fest: die nördliche Adria gehört zu den stark belasteten Gebieten des Mittelmeeres.

Der Raubbau durch immer effektivere Fangmethoden, die Unterwasserjagd mit der Verfolgung auch von Jungfischen bis in größere Tiefen. Fischen mit Dynamit und nicht zuletzt der Massentourismus sind weitere Faktoren, die dem leidgeprüften Meer den Todesstoß geben. Es sind zwar Pläne zur Erhaltung des Mittelmeeres vorhanden. Verbesserungen werden jedoch nur schleppend in Angriff genommen.

Helfen Sie, lieber Leser, mit, das wichtigste europäische (Urlaubs-)Gewässer zu retten, indem Sie nur dorthin fahren, wo die Abwässer entsprechend geklärt werden und indem Sie „Ihren" Strand sauberhalten. Ihren Müll wieder mitnehmen beziehungsweise trachten, ihn möglichst zu vermeiden. Kaufen oder sammeln Sie keine Souvenirs aus dem Meer wie Schnecken, Muscheln, Seesterne, Korallen und präparierte Fische. Nur so entsteht der nötige Druck auf die Fremdenverkehrsunternehmen und damit auf die Regierungen, der hoffentlich bald zu konkreten Schutzmaßnahmen und Besserungen führt.

Salzburg, April 1995

Horst Moosleitner
und
Robert A. Patzner

INTRODUCTION

With a surface of 2.7 million square kilometres the Mediterranean is really an appendix of the Atlantic Ocean to which it is linked by the Straits of Gibraltar. Through the Gibraltar Passage, which is only 15 km wide and 300 metres deep, water from the Atlantic flows continuously into the Mediterranean. This is a result of the high evaporation rate in the dry, hot summer months. An average of 1.500 cubic kilometres of water evaporates each year, and only a tenth of this volume can be replaced by rainfall and fresh water tributaries. If the Straits of Gibraltar were to be closed the Mediterranean would dry up in about a thousand years.

This tremendous evaporation rate is responsible for the high salt content (39‰) in the eastern Mediterranean. The water flowing in from the Atlantic is less salty, only 36.5‰; however, at the same time there is always a deep current of warmer and heavier water from the Mediterranean flowing back into the Atlantic.

The history of the Mediterranean's formation has still not been fully explored. Initially a broad seaway with its own distinctive flora and fauna linked the Atlantic and the Indian Ocean. Then Africa drifted northwards and collided with Asia, and the link with the Indian Ocean was lost. Later on Africa started colliding with Europe and the link with the Atlantic was attenuated. Until recently it was assumed that this connection had been interrupted entirely and that the Mediterranean had dried out. However, modern research has cast doupt upon this "desert theory". It is now assumed that at the end of the Miocene epoch the floor of the Mediterranean was a very different shape from the one it is now. The shifting of the Eurasian and African plates altered the forms and depths of the various basins several times. However, the floor was always covered with fairly salty water of several hundred metres in depth.

During the ice ages that followed the Mediterranean cooled down for long periods, and cold-water organisms from the North Atlantic settled here. Most of the warm-water species died out; only some managed to survive in the tropical Atlantic off the West African coast. Here new species developed which then gradually, mostly after the last ice age, moved into the Mediterranean. The warm-water species advanced along the north coast of Africa into the Eastern Mediterranean. The cold-water species withdrew to deeper zones or the cooler northwest or died out. The relative isolation of the Mediterranean led, like that of the Red Sea, to the development of characteristic endemic species.

When the Suez Canal was opened in 1869 species from the Red Sea began moving in but only a few, particularly resilient species have managed to survive. They have often adopted very well to the conditions of this temperate sea and have even displaced indigenous species. A number of them have settled in parts of the Eastern Mediterranean, where the annual average temperature is about 5°C higher than in the western part; currents flowing anticlockwise carry them further, and some have already reached the Aegean and few have got as far as Sicily.

The situation at present is anything but static. Africa is still drifting towards Europe, the sea is diminishing and may in a distant future perhaps even disappear. The Mediterranean is however much more acutely threatened by present-day developments. Since the Fifties it is common knowledge that the discharge of untreated waste from industry, agriculture and households has contaminated the Mediterranean with organic substances, oil, heavy metals and other pullutants to such an extend that plant and animal life is seriously endangered The pollution in some parts is so bad that it is not advisable to swimm there.

In areas such as the northern Adriatic the oxygen content of the water is repeatedly impaired by the explosive spread of algae. This so-called "algae scum" hit the headlines in the summers of 1988 and 1989. However, it is not clear whether it comes from the increasing pollution of the northern Adriatic or whether it is caused by certain climatic conditions, as some marine biologists believe. Algae scum was first sighted here in whatever the cause may be, the remains that the northern Adriatic suffers some of the worst pollution in the Mediterranean.

Further factors which endanger the marine environment include the ruthless exploitation of increasingly efficient fishing methods, the hunting of young fish at even greater depths, dynamite fishing and of course the impact of mass tourism. Plans for the conservation of the Mediterranean have been drawn up but improvements are very slow in beeing implemented.

Your help, dear reader, is required to save the most important sea and holiday region in Europe. Only go to places where sewage is properly treated and keep "your" beach clean by taking your litter away with you or trying to avoid producing any in the first place. Do not buy or collect marine souvenirs such as snails, shells, starfish, coral or mounted fish. This is the only way to put pressure on the tourist industry and governments to carry out specific protective measures and improvements.

Salzburg, April 1995

Horst Moosleitner
and
Robert A. Patzner

Das westliche Mittelmeer

Man erkennt das tiefe Oran- und Balearenbecken, das Tyrrhenische sowie das Ionische Meer im Osten. Dazwischen die Pantelleria-Maltaschwelle (dort sind keine genauen Tiefen angegeben).

Steilküsten:

verschiedene Typen

man erkennt die Canale-Küste in Dalmatien (ertrunkene Längstäler)

und die junge Hebungsküste in Kalabrien und Ost-Sizilien

Flachküsten:

Anschwemmungsküsten

Lagunen- und Lido-Küsten mit Dünen

Western Mediterranean

Clearly recognisable are the deep basins of Oran and the Balearics as well as the Tyrrhenian and the Ionian Sea in the east. In between lies the threshold of Pentelleria and Malta.

There are ***steep rocky coasts***

of various types

drowned valleys in Dalmatia

young elevated coasts in Calabria and Sicily.

Flat coasts

with alluvial land

lagoons and lido beaches with sand dunes.

(Aus/From: P. Schmid et al., „Exkusrionsberichte Mittelmeer: Golfe du Lion", Stuttgart 1985, Verlag Stephanie Naglschmid)

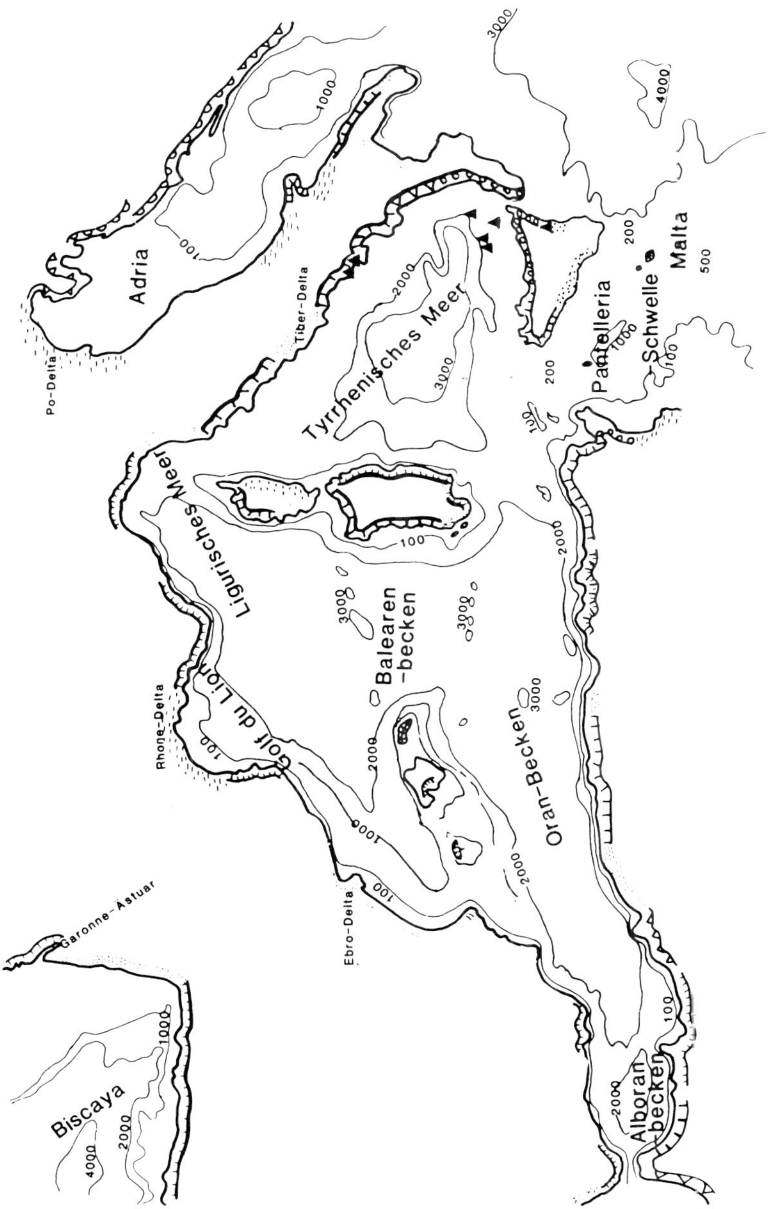
Adria
Po-Delta
Tiber-Delta
Tyrrhenisches Meer
Ligurisches Meer
Golf du Lion
Rhone-Delta
Balearen
-becken
Oran-Becken
Ebro-Delta
Garonne-Ästuar
Biscaya
Alboran
becken
Pantelleria
Schwelle
Malta

LEBENSRÄUME IM MITTELMEER

Spritzzone (Supralitoral):
Diese Region, die über der Gezeitenzone liegt, wird durch das Sprühwasser der Wellen befeuchtet. Ihre Höhe hängt von der Ausgesetztheit der Küste ab.

Gezeitenzone (Mediolitoral, Eulitoral):
Diese Zone wird von der Hochwasser- und der Niedrigwasserlinie begrenzt und fällt zweimal pro Tag durch den Einfluß von Ebbe und Flut trocken. Ihre Ausdehnung - die Gezeitenhöhe - beträgt im Mittelmeer meist nur wenige Zentimeter bis maximal einen Meter.

Infralitoral:
Das Infralitoral ist ständig mit Wasser bedeckt und erstreckt sich von der Niedrigwasserlinie bis in etwa 35 m Tiefe. Darunter folgen dann das **Circalitoral** und die **Tiefsee.**

Fluttümpel:
Ein Fluttümpel ist eine wassergefüllte Vertiefung, die im Laufe des Gezeitenwechsels vom freien Wasser abgetrennt wird. Die Dauer der Abtrennung kann ganz unterschiedlich sein.

Besonnter Fels:
Die im flachen Wasser gelegenen Felsen mit direkter Sonneneinstrahlung weisen meist einen dichten Bewuchs an Braun- und Grünalgen auf.

Beschatteter Fels:
Bedingt durch die fehlende Sonneneinstrahlung (Steilwand, Überhang, Höhleneingang) wachsen hier Rotalgen und Schwämme, aber keine Braun- und Grünalgen.

Tiefer Fels:
Ab einer Tiefe von etwa 20 m nimmt der Algenbewuchs durch das verminderte Licht stark ab, und Schattenbewohner rücken aus Höhlen oder Überhängen heraus.

Höhle:
Dies sind untergetauchte Hohlräume, die je nach Ausbildung als Spalte, Tunnel, Durchgang oder Sackhöhle bezeichnet werden. Von einer **Grotte** spricht man, wenn die Höhlendecke außerhalb des Wassers liegt.

Blockfeld:
Das Blockfeld ist eine Anhäufung von Steinen mit einem Durchmesser von mehr als 15 cm. In ihren gut durchströmten Zwischenräumen ist eine vielfältige Besiedlung zu finden.

Weichboden:
Flacher Sand-, Schlamm- oder Schlickboden, der einfach gestaltet ist. Da ein Festheften wie bei stabilen Substraten nicht möglich ist, graben sich die meisten Bewohner ein oder kriechen an der Oberfläche.

Korallengrund:
Durch besondere Strömungsverhältnisse können auf Weichböden ab etwa 20 m Tiefe sekundäre Hartböden gebildet werden. Sie bestehen aus Schalen und Gehäusen abgestorbener Tiere wie Muscheln, Moostierchen, Wurmschnecken und Röhrenwürmern, die mit Kalkalgen zu felsartigen Aufbauten verkittet werden.

Seegraswiese:
Das Neptungras *Posidonia* bildet auf Weichböden dichte Wiesen mit einer Höhe von etwa einem halben Meter. In ihrem Dickicht bieten sie zahlreichen Arten Unterschlupf.

Lagune:
Sandiges oder schlammiges Flachwasser, das vom Meer durch eine Barriere getrennt ist und eine oder mehrere Verbindungen zu diesem aufweist. Da sich Lagunen oft im Bereich von Flußmündungen bilden, enthalten sie vielfach **Brackwasser.**

Hochsee:
Zone freien und tiefen Wassers mit pflanzlichem und tierischem Plankton, verschiedenen Fischen, Kopffüßern und Meeressäugern, wie Walen und Delphinen. An exponierten Steilabfällen und manchmal auch bei starken Seewinden kann man auch an den Küsten Hochseebewohnern begegnen.

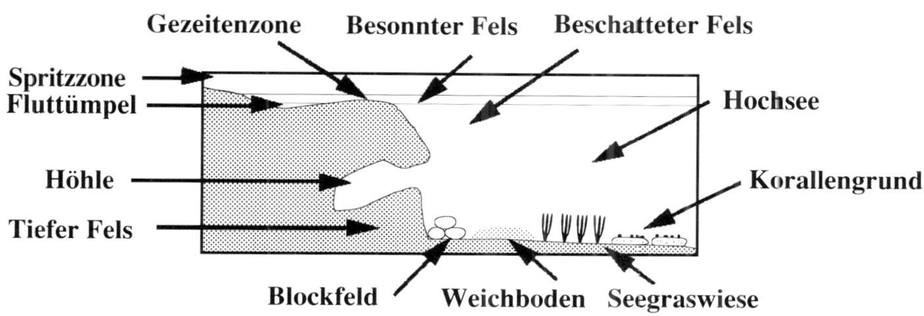

HABITATS IN THE MEDITERRANEAN SEA

Supratidal Zone (Supra-Littoral):
Beach just above high tide level, sprayed by breakers.

Intertidal Zone (Mid-Littoral):
A narrow zone covering an area of about half a metre (depending on the region of the Mediterranean) between high tide level and low tide level.

Sublittoral Zone (Infra-Littoral):
Permanently covered by water, reaching from the low water line to a depth of about 35 m. Further down follow the **circa-littoral** zone and the **deep sea.**

Tidepool, Rockpool:
A pool on a rocky surface, in direct contact with the open sea at high tide but cut off at low tide.

Sunny Rock:
Rock in shallow water, situated in bright sunlight and overgrown with green algae.

Shady Rock:
Rocky without exposure to sunlight located in north-facing position, under overhang or in cave entrance; mostly overgrown with red algae and sponges.

Deep Rock:
Owing to low light density from about 20 m downwards there is little growth of brown and green algae and an outward migration of cave and shade dwellers.

Cave:
Submerged tunnels, holes, cavernes, hollows or clefts, also grottos lying at surface level.

Block Ground:
Bottoms formed by rocks of more than 15 cm in diameter. In the clefts and hollows in between a rich divertsity of species can be found.

Soft Bottom:
Sandy and muddy bottoms. Most of the animal inhabitants burrow or crawl on the surface.

Coral Ground:
Secondary hard bottoms, situated on soft bottoms from 20 m downwards, built up by corals, red calcareous algae, mussels, bryozoas, bristleworms etc. and inhabited by many other species.

Seagrass:
Growth of seagrass (especially *Posidonia*) covering wide areas of soft bottoms down to 40 m, providing cover for many species.

Lagoon, Estuary:
Shallow sandy or muddy water seperated from the open sea by a sand bar, though usually connected to it by one or more channels.

Open Sea, Offshore:
Zone of deeper, open water with phytoplankton and zooplankton, different species of fish, cephalopods and marine mammals such as whales and dolphins. Off exposed, steep cliffs of when strong sea-winds are blowing offshore species may be sighted near the shore.

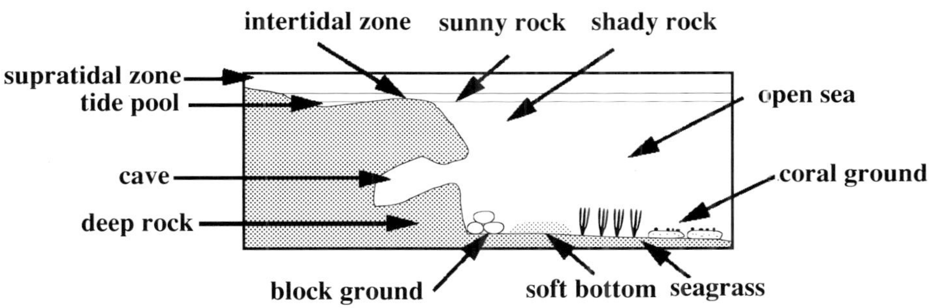

GEBRAUCHSANWEISUNG

Dieses Buch ermöglicht auf die einfachste Weise, durch reines Betrachten der Bilder, die Bestimmung von weit über hundert Arten von wirbellosen sogenannten „niederen“ Tieren des Mittelmeers.

Eine erste Zuordnung kann der Leser nach dem Bestimmungs-Schlüssel (Seite 4 und 5) mit Skizzen der wichtigsten Tierformen vornehmen. Freilich enthält das Buch nicht alle im Mittelmeer gefundenen Formen, sondern nur eine kleine Auswahl davon. Nahe verwandte Arten können jedoch gut zugeordnet und zumindest mit einem deutschen Namen versehen werden. Genaue deutsche Artnamen existieren nicht immer, zum Teil wurden sie von den wissenschaftlichen abgeleitet. Wer sich eingehender mit der Materie beschäftigt, wird ohnehin nicht ohne wissenschaftliche Namen auskommen. Sie sind in allen, auch fremdsprachigen Werken gleich, erfahren aber trotzdem, aufgrund laufender systematischer Bearbeitung, immer wieder Änderungen. Die hier verwendeten wissenschaftlichen Art- und Gattungsnamen sind unseres Wissens auf dem neuesten Stand und stimmen deshalb manchmal mit älteren Angaben nicht überein. Sie stammen größtenteils aus RIEDL (1983). Für die Korrektur der Namen der Krebstiere danken wir Herrn TÜRKAY (Senckenberg).

Weitere Hilfsmittel bei der Bestimmung der einzelnen Arten sind die Pictogramme dieses Buches. Pfeile an der Landschafts-Skizze geben die von der Art oder Tiergruppe bevorzugten Standorte an. Der senkrechte Pfeil rechts daneben bezeichnet die gewöhnliche Tiefenverbreitung (in Metern). Ganz rechts wird die durchschnittliche Größe des Tieres (in Zentimetern) angegeben. Bei koloniebildenden Formen wird die Größe der ganzen Kolonie bezeichnet.

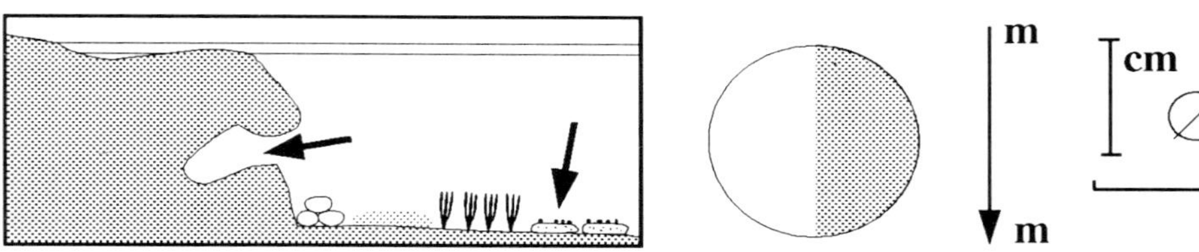

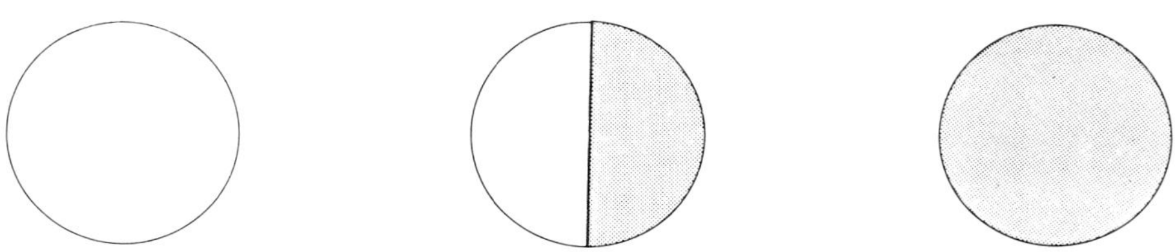

tagaktiv ***tag- und nachtaktiv*** ***nachtaktiv***

HOW TO USE THIS BOOK

This book is very easy to use; simply by looking at the illustrations the reader can identify more than one hundred species of Mediterranean invertibrates.

The reader can make an initial classification by using the identification chart (pp 4–5) with drawings of the most important groups of animals. As it is impossible to include all the Mediterranean species in this book a selection has been made. Closely related species can easily by recognized and at least provided with an English name. Exact English names do not exist in all cases, often they are derived from scientific terms. Anyone wanting to study the subject in greater detail will in any case have to use the scientific names. They are the same the world over, are however constantly being revised. To the best of our knowledge the names used in this book are the most recent ones and may therefore not always correspond to terms used previously. Most of them have been taken from RIEDL (1983). We would like to thank Mr. TÜRKAY for the correction of the names of the crustaceans.

The diagrams provide further help in identifying the various species. The arrows in the drawing indicates their preferred habitats, the vertical arrow to the right of the drawing indicates the depth (in metres) in which the species is commonly found. On the far right the average size of the animal is given (in cm). Where species live in colonies the size of the entire colony is provided.

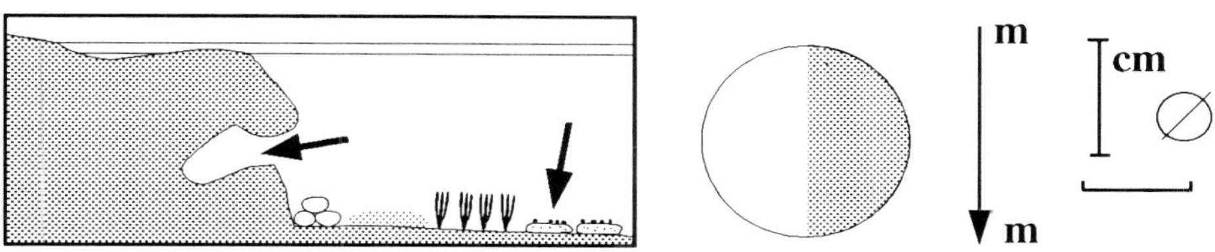

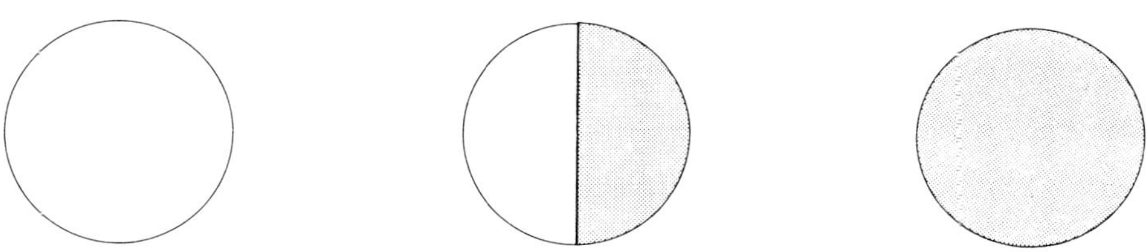

Activity

daytime ***day and night*** ***night***

SCHWÄMME - PORIFERA - SPONGES

Tiere mit röhrenförmiger, kugeliger, baumförmiger Struktur bzw. dünne Überzüge. Ihr Skelett besteht aus feinen, mannigfaltig geformten Kalk- oder Silikatnadeln, manche haben nur Sponginfasern. Den Schwammkörper durchziehen Hohlräume, die mit Kragengeißelzellen ausgekleidet sind. Sie erzeugen einen Wasserstrom, der über stecknadelgroße Poren der Epidermis eintritt und durch die Hohlräume geleitet wird; dabei bleibt das Plankton an den Geißelzellen hängen. Das Wasser tritt dann über Kanäle, die zu großen, kraterförmig erhobenen Ausfuhröffnungen *(Osculae)* verschmelzen, wieder aus.

Sponges are vase-like, tubular, tree-shaped, or form thin layers encrusting other objects. Inside their bodies they have many small cavities lined with special cells that have sticky collars and whip-like flagella. These move a current of water in through tiny pores on the surface and out through larger openings called oscula. The collar cells catch the plankton, that sponges feed on. Their internal skeleton consists of calcareous or siliceous needles; several species have only spongin fibres that makes them useful for cleaning purposes.
(Peter Schmid/Dietmar Paschke, „Unterwasserführer Rotes Meer: Niedere Tiere – Underwater Guide Red Sea: Invertebrates", Stuttgart, 2. Auflage 1990: Verlag Stephanie Naglschmid).

Stachelschwamm - *Acanthella acuta* - Thorny Sponge

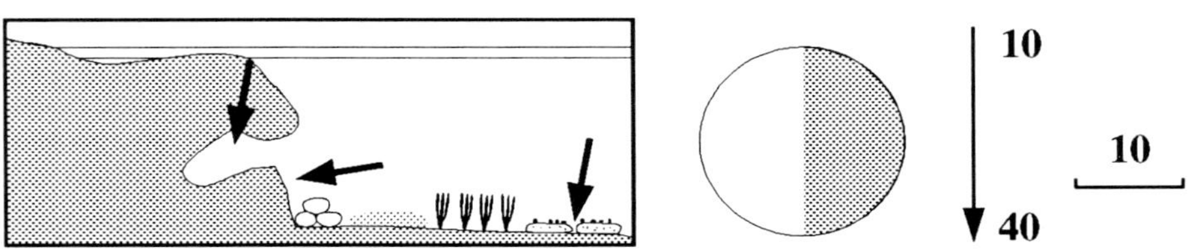

Der Stachelschwamm bildet kakteenartige, stachelig ausgezogene Zweigenden, an denen er gut zu erkennen ist. Er bevorzugt tiefere Höhlen und kann in der Färbung von gelb bis dunkelorange variieren.

The thorny sponge forms cactus-like spiky endings that make it easy to recognize. It is found especially in deeper caves and varies in colour from yellow to deep orange.

PORIFERA

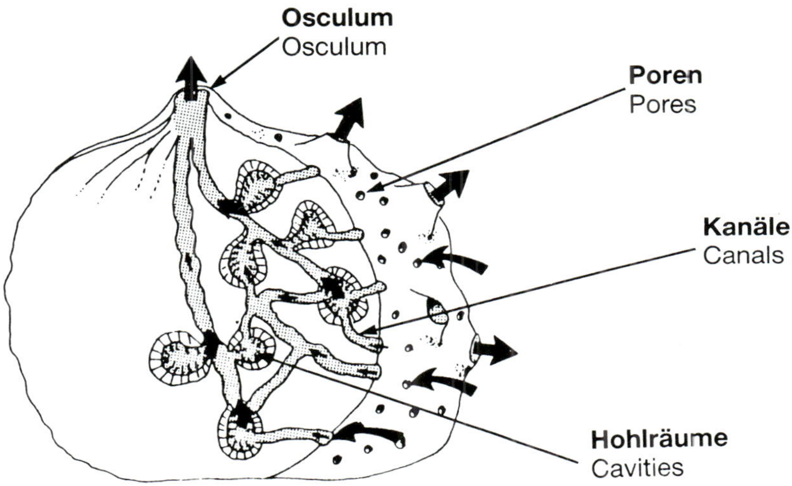

Stachelschwamm - *Acanthella Acuta* - Thorny Sponge

Röhrenkalkschwamm - *Leucosolenia variabilis* - *Calcareous Tube Sponge*

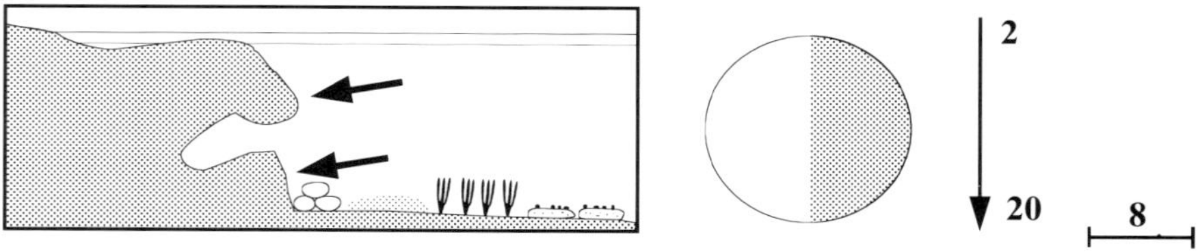

Der Röhrenkalkschwamm bildet verzweigte röhrenförmige Gebilde von etwa 1 mm Durchmesser und variiert in den Farben von weiß bis durchsichtig grau und braun. Ein aus Kalknadeln bestehendes Skelett gibt dem Schwamm seine äußere Form.

The calcareous tube sponge consists of tube-like cell colonies of about 1 mm in diameter and varies in colour from white to grey and brown. An inner skeleton, made out of calcium carbonate spicules gives the sponge its shape.

Gelber Gitterkalkschwamm und Orangefarbener Strahlenschwamm - *Clathrina clathrus* und *Spirastrella cunctatrix* - Yellow Calcareous Sponge and Orange encrusting Sponge

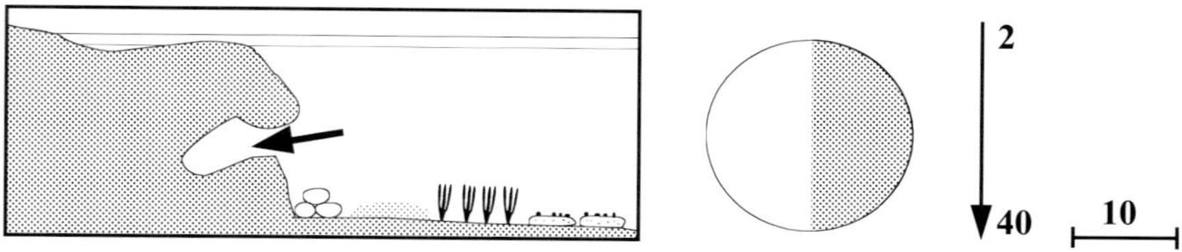

Beide Schwammarten können gegen die Konkurrenz von Algen nicht bestehen und sind daher nur an lichtgeschützten Höhlendecken und -wänden zu finden.

Both these sponges cannot compete with algae and can therefore only be found on ceilings and walls of caves, away from the light.

oben: Röhrenkalkschwamm – *Leucosolenia variabilis* – Calcareous Tube Sponge
unten: Gelber Gitterkalkschwamm und Orangefarbener Strahlenschwamm – *Clathrina clathrus, Spirastrella cunctatrix* – Yellow Calcareous Sponge and Orange encrusting Sponge

SCHWÄMME LICHTARMER ZONEN - SPONGES OF SITES WITH LOW LIGHT INTENSITY

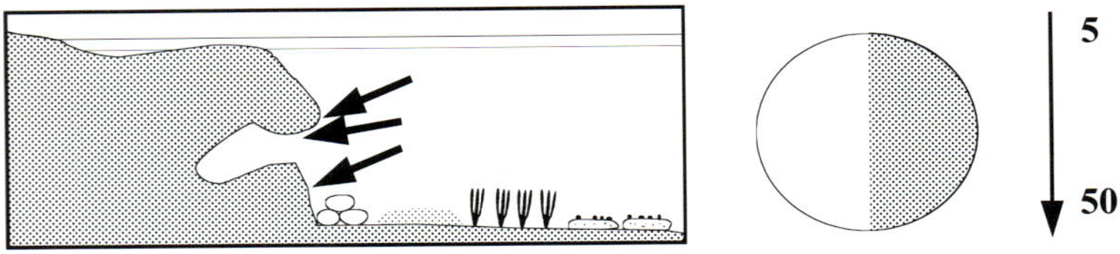

Sie wachsen an Steilwänden und Höhleneingängen, in die kein direktes Sonnenlicht eindringt. Die Wuchsformen können unterschiedlich sein. Die Skelette dieser „höheren" Schwämme bestehen aus Spongin, einer hornartigen Substanz, in die Kieselnadeln eingelagert sind.

These species live on steep walls and entrances of caves where there is no direct sunlight. They vary in shape. The skeletal structure of these "higher" sponges is made of spongin, a horny substance inlaid with spicules of silicia.

Links: Höckriger Geweihschwamm - *Axinella cannabina* – Left: Red Horn Sponge
Rechts: Gelber Geweihschwamm - *Axinella polypoides* –
Right: Yellow Horn Sponge

Rosa Röhrenschwamm – *Haliclona mediterranea* – Pink Tube Sponge

Brot- oder Feigenschwamm – *Petrosia ficiformis* – Bread Sponge

SCHWÄMME LICHTREICHER ZONEN – SPONGES OF SITES EXPOSED TO LIGHT

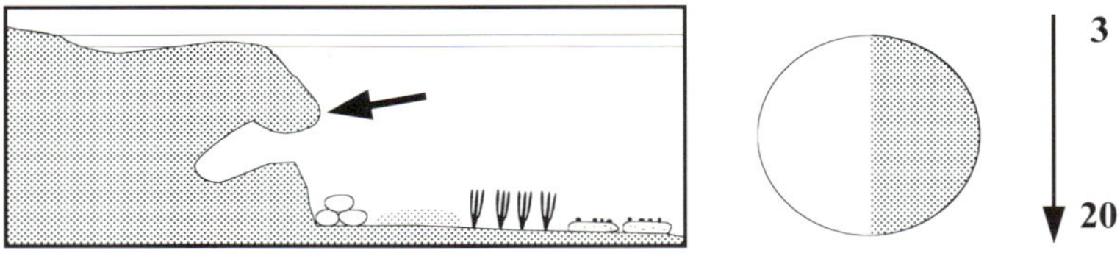

Nur wenige Schwammarten können gegen die starke Raumkonkurrenz der Grün- und Braunalgen bestehen und daher an lichtdurchfluteten Felsböden wachsen. Manche bauen hohe Röhren, so daß die darüberstreichende Strömung wie aus Schornsteinen Wasser saugt und so einen Unterdruck erzeugt, der den Einstrom und damit die Filterleistung stark erhöht.

Only a few species are able to withstand the strong competition of green and blue algae on rocks exposed to light. Some erect high tubes so that passing currents cause an updraught as in a chimney, producing a vacuum that results in an increase of water inflow.

Gold- oder Schwefelschwamm – *Verongia aerophoba* – Sulphur Sponge

Becherschwamm – *Calyx nicaeensis* – Cup Sponge

Badeschwamm – *Spongia officinalis* – Bath Sponge

Einsiedler-Korkschwamm - *Suberites domuncula* - Sea Orange

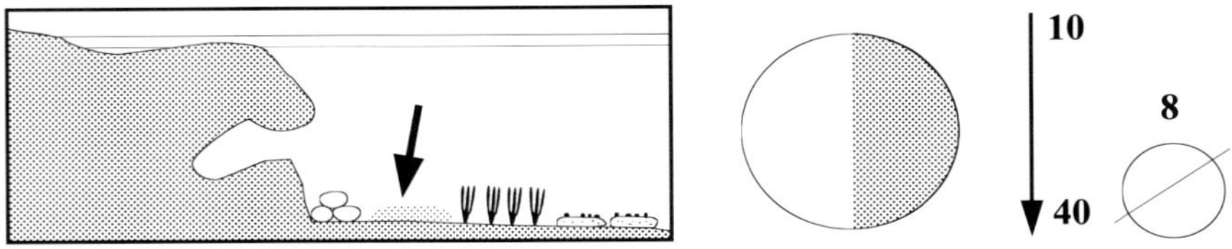

Er besiedelt fast ausschließlich von Einsiedlerkrebsen bewohnte Schneckenhäuser, die er vollständig umwächst. Da er die Wohnspirale weiter vergrößert, erspart er dem Krebs eine Übersiedlung.

The Sea Orange is nearly always found growing on shells occupied by hermit crabs, covering them completely. As the crab grows the sponge expands, enlarging the crab's living space. Thus the hermit crab does not have to move into a more spacious shell.

Bohrschwamm - *Cliona celata* - Boring Sponge

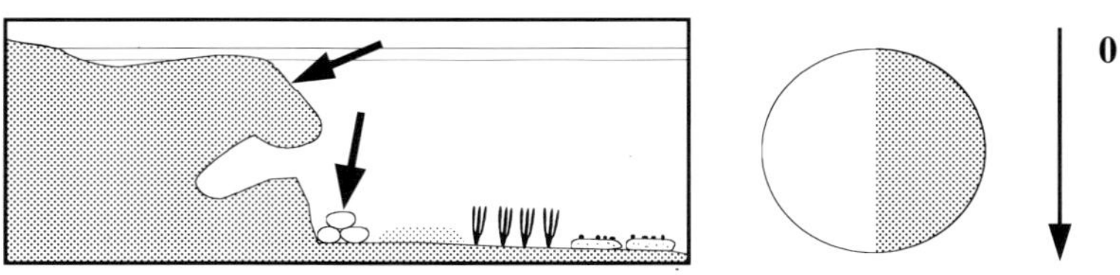

Der Schwamm lebt im Kalkgestein aber auch in Schalen von Weichtieren und Seepocken, wo er mittels Säure lange Gänge bohrt. Damit trägt er zu einer langsamen Erosion der kalkhaltigen Gesteine und damit der Felsküsten bei (Insert).

This sponge live in limestone rocks and also in shells of molluscs and barnacles into which it bores long passages using acid. It thereby contributes to the gradual erosion of limestone rocks and cliffs (inset).

Einsiedler-Korkschwamm – *Suberites domuncula* – Sea Orange

Bohrschwamm – *Cliona celata* – Boring Sponge

HOHLTIERE - COELENTERATA - COELENTERATES

Hohltiere sind trotz ihrer verschiedenen Erscheinungsformen im wesentlichen einfache, häufig blumenartig aussehende Tierformen mit einem sackartigen Körper, der nur aus zwei Zellschichten (einer inneren und einer äußeren) besteht. Die Nahrungsaufnahme erfolgt meist durch einen endständigen Mund, der zugleich als Ausscheidungs- und Geschlechtsöffnung dient und von Tentakeln umgeben ist. Alle Formen tragen als Waffen Nesselzellen. Viele durchlaufen einen Generationswechsel von einer geschlechtlichen Quallengeneration zu einer ungeschlechtlichen, sich durch Teilung fortpflanzenden Polypengeneration.

Coelenterates are very simple, often flowerlike animals with a sacklike body consisting of two layers of cells only (an inner and outer one). They have only one opening at one end of the body, usually surrounded by tentacles, which is used not only as a mouth but also for releasing sexual and metabolic substances. All species have stinging cells. Many species may change generations from a sexually reproducing jellyfish-like generation to an asexual, sometimes colonial polyp-like generation.

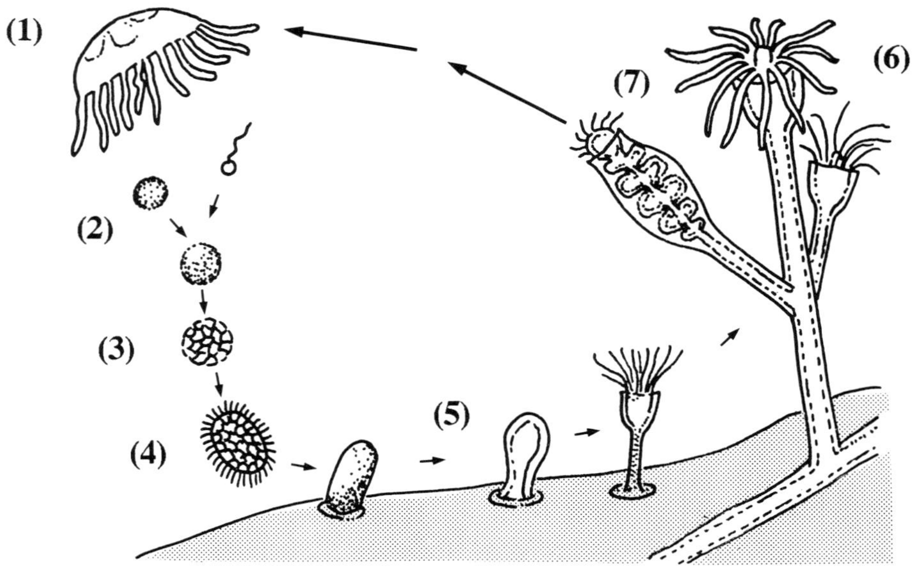

Wechsel von geschlechtlicher und ungeschlechtlicher Vermehrung bei Hohltieren.
Reproduction of a jellyfish by the change of sexual and asexual generations.

(1) freischwimmende Meduse, Gametenbildung (2) Befruchtung, Bildung der Zygote (3) Blastulakeim (4) Planulalarve (5) junger, heranwachsender Polyp (6) Nährpolyp (7) Geschlechtspolyp

SYSTEM DER HOHLTIERE (COELENTERATA)
SYSTEM OF THE COELENTERATES

Stamm
CNIDARIA (Nesseltiere)
(radiäre Symmetrie; Nesselkapseln)

Stamm
ACNIDARIA (Nessellose Tiere)
Körper *nicht* radiärsymmetrisch;
keine Nesselkapseln;
kein Generationswechsel;
Zwitter)
Klasse: CTENOPHORA
(Rippenquallen)

Klasse:
a) HYDROZOA
(Hydrozoen)

Klasse:
b) SCYPHOZOA
(Schirmquallen)

Polypen und Medusen
(Generationswechsel)

a) Hydropolypen und Hydromedusen
– Feuerkorallen
– Köpfchenpolyp
(– Hydren)

b) Polyp ist bei dieser Klasse so klein, daß in diesem Zusammenhang nur die Meduse (= Qualle) interessiert
– Stielquallen
– Tiefseequallen
– Würfelquallen
–Fahnenquallen
– Wurzelmundquallen

Klasse:
c) ANTHOZOA
(Blumen- oder Korallentiere)

stets ohne Medusen

Unterklasse:
c1) HEXACORALLIA
- Seeanemonen (Aktinien)
- Steinkorallen
– Dörnchenkorallen
- Zylinderrosen
– Krustenanemonen

Unterklasse:
c2) OCTOCORALLIA
- Hornkorallen (Gorgonien)
- Lederkorallen

HYDROIDEN - HYDROZOA - HYDROIDS

Hydroiden sind die Verwandten der Quallen, die einen Teil ihres Lebens als winzige, schirmförmige Medusen verbringen. Sie fallen erst auf, wenn sie als moosartige fedrige Kolonien auf Felsen vorkommen. Jeder Zweig der Kolonie trägt zahlreiche Polypen, die wiederum mit stark nesselnden Tentakeln ausgestattet sind. Die Polypenform produziert Medusen, kleine Quallen, die schwimmen. Medusen produzieren Eier, woraus sich nach Befruchtung wiederum Polypen entwickeln, welche nach Knospung zu verzweigten Kolonien heranwachsen.

These relatives of jellyfish spend part of their lives in tiny, umbrella-shaped medusae, but are most noticeable when they grow in a moss-like or feather-like form on rocks. Each branch of the colony has numerous polyps, topped with tentacles and armed with stinging cells. The polyp-form produces medusae that swim. These lay eggs that turn into polyps which after budding grow into branching colonies. **Some of them have painful stings!**

Glockenpolyp - *Obelia sp.* - Cup Hydroid

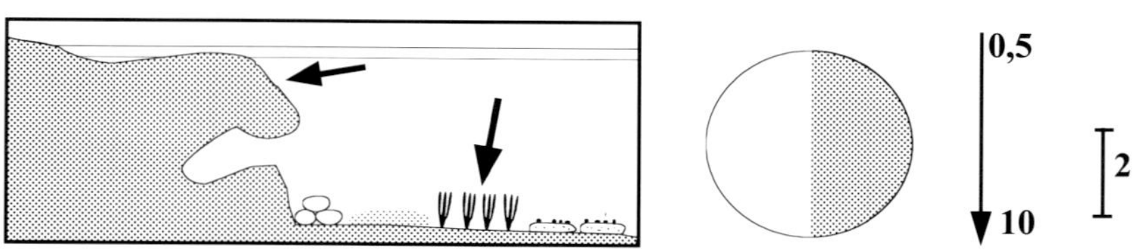

Diese kleinen Polypen bildet buschige bis fächerförmige Kolonien auf festen Unterlagen und ist erkennbar an den becherförmigen Polypen, die abwechselnd jeweils rechts und links des „Stammes" stehen.

This small hydroid froms bushy or fan-like colonies consisting of solitary branches that bear cup-like polyps standing alternately to the left and the right of the stalk.

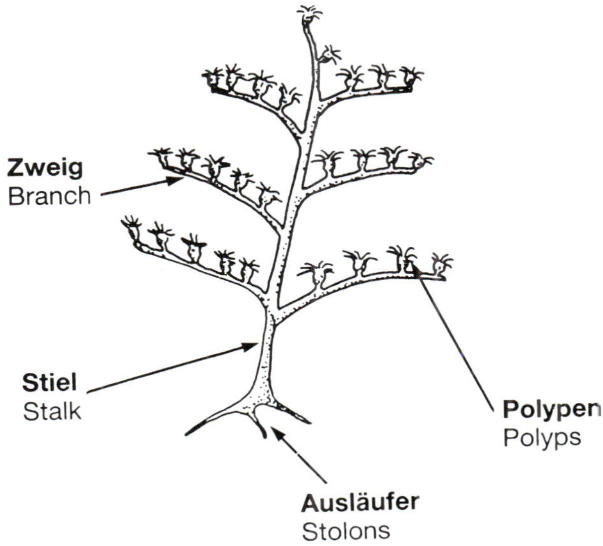

Glockenpolyp – *Obelia sp.* – Cup Hydroid

Federpolyp - *Aglaophenia sp.* - Sea Fern

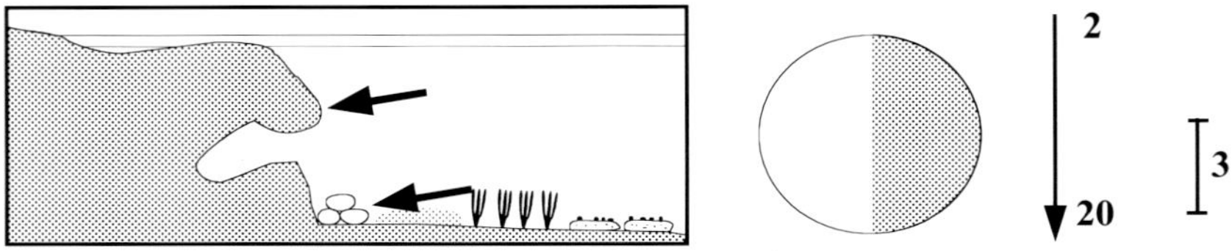

Die Federpolypen stehen bevorzugt an schattigen Überhängen oder Höhleneingängen, die gut beströmt sind. Es gibt mehrere schwer zu unterscheidende Arten, die bis zu 10 cm Höhe erreichen können. Ihr Nesselgift ist relativ stark.

Sea fern usually grow on shady overhanging rocks or at the entrances of caves where there is a good current. There are several species with are difficult to distinguish. Some reach a height of 10 cm. They have quite a strong sting.

Bäumchenpolyp - *Eudendrium sp.* - Bushy Hydroid

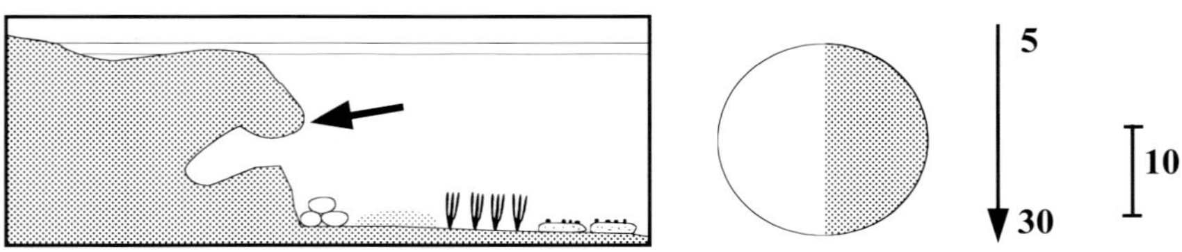

Die nesselnden Polypen (Insert) werden von verschiedenen Fadenschnecken (Seite 95) gefressen, die oft auf den Bäumchen zu finden sind und dort auch ihre Eier ablegen. Sie schaffen es, die Nesselzellen zu schlucken, ohne daß sie „explodieren". Bei einigen Arten werden diese zur Verteidigung in den langen Rückenfortsätzen eingelagert. Die orangebraunen Kugeln sind Medusenknospen.

Some aeolid nudibranchs (page 95) feed on the stinging polyps (inset) of this hydroid. They often can be found on its bushes where they also lay their eggs. They manage the swallow the stinging cells without their discharching. In some species these cells are stored for defence within the long projections on their backs. The orange-brown "balls" bud off medusae into the plankton.

Federpolyp – *Aglaophenia sp.* – Sea Fern

Bäumchenpolyp – *Eudendrium sp.* – Bushy Hydroid

ECHTE QUALLEN (SCHIRMQUALLEN, WÜRFELQUALLEN) SCYPHOZOA, CUBOZOA – JELLYFISH RIPPENQUALLEN – CTENOPHORA – COMB YELLOWFISH

Schirmquallen haben einen flachen bis stark gewölbten Körper. Der Schirmrand ist oft mit zahlreichen Tentakel besetzt, und die Mundöffnung läuft in gekräuselte Arme aus. Sie enthalten Millionen von Nesselkapselzellen, die bei Berührung explodieren und einen giftgefüllten Schlauch ausschleudern, der in die Haut des Opfers dringt. Der massive Schirm pulsiert, dabei entsteht ein Wasserstrahl, der die Tiere vorwärts treibt.
Rippenquallen schwimmen dagegen mittels ihrer Ruderplättchen, die auf der Oberfläche ihres blasenförmigen Körpers stehen. Einige Arten haben zwei lange Tentakel. Keine Nesselkapseln! Systematisch stellen die Rippenquallen einen eigenen Stamm dar, werden aber hier von uns aufgrund ihres Erscheinungsbildes direkt angeschlossen und eingefügt.

Umbrella jellyfish have a body shaped like a bell or an umbrella with numerous tentacles trailing from the edges or around the central mouth. They contain millions of highly specialised cells (nematocysts) which contain threads filled with poison; they explode when touched. The massive umbrella is capable of pulsating, thereby creating jets of water which push the bell forward.
In contrast, **comb jellyfish** swim by beating their cilia which are arranged in comblike clusters on the surface of the bell. Some species have two tentacles, but they lack nematocysts. Systematically comb jellyfish are special tribe. Because of their habitat we placed this tribe directly after the real jellyfish.

Dalmatinische Haarqualle - *Drymonema dalmatinum* - Dalmatian Hair Jellyfish

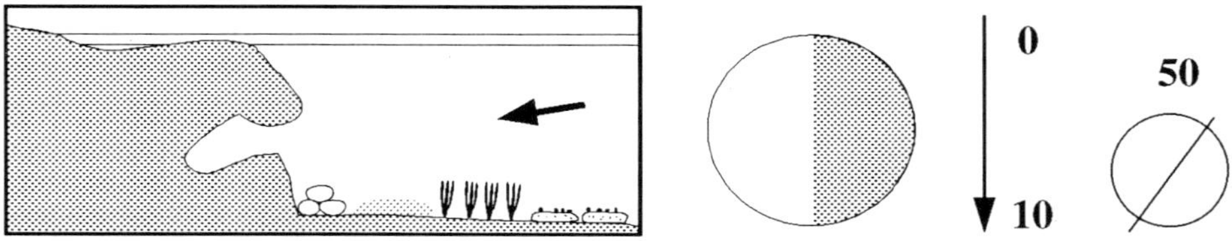

Eine große Dalmatinische Haarqualle kann mit ihren bis zu 10 m ausdehnbaren Tentakeln durch geschicktes Hin- und Herschwimmen ein Netz aufbauen, das bis zu 30 m² Fläche bedeckt. So ausgebreitet läßt sie sich langsam nach unten sinken und befischt damit ein großes Gebiet.

A large specimen of the Dalmatian Hair Jellyfish is able to set up a net of about 30 square metres by means of its extensive stinging tentacles. Spread out in this way it sinks down slowly and fishes for prey.

SCYPHOZOA, CUBOZOA, CTENOPHORA

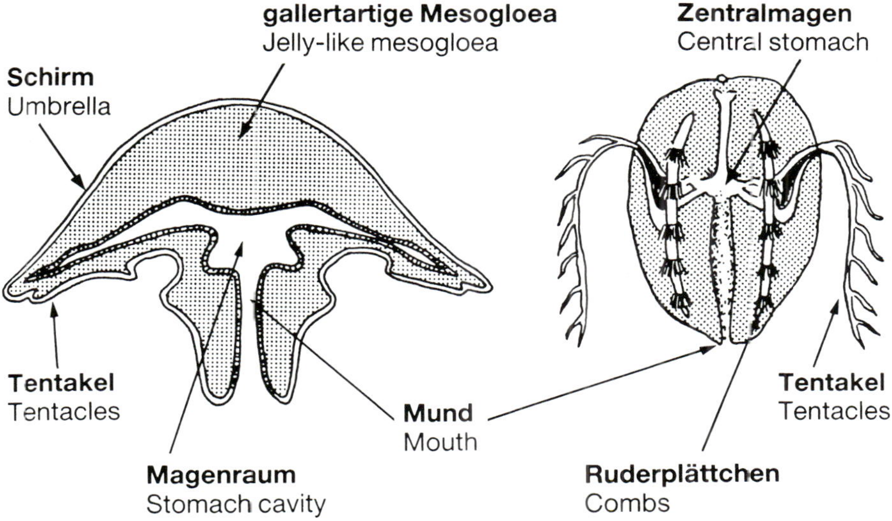

Dalmatinische Haarqualle – *Drymonema dalmatinum* –
Dalmatian Hair Jellyfish

Leuchtqualle - *Pelagia noctiluca* - Luminescent Jellyfish

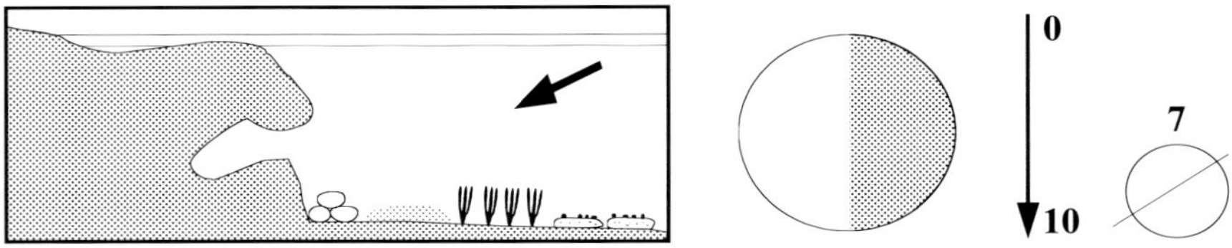

Die Leuchtqualle ist trotz ihrer geringeren Größe eine der am stärksten nesselnden Quallen im Mittelmeer. Durch ihr Massenauftreten in den letzten Jahren wurde der Badebetrieb an manchen Stränden stark beeinträchtigt. Wie der Name sagt, ist sie in der Lage, nachts zu leuchten.

The luminescent jellyfish is small but has the strongest sting of any jellyfish in the Mediterranean. On some beaches bathing has in recent years been adversely affected by invasions of jellyfish. As its name suggests it glows at night.

Kompaßqualle - *Chrysaora hysoscella* - Compass Jellyfish

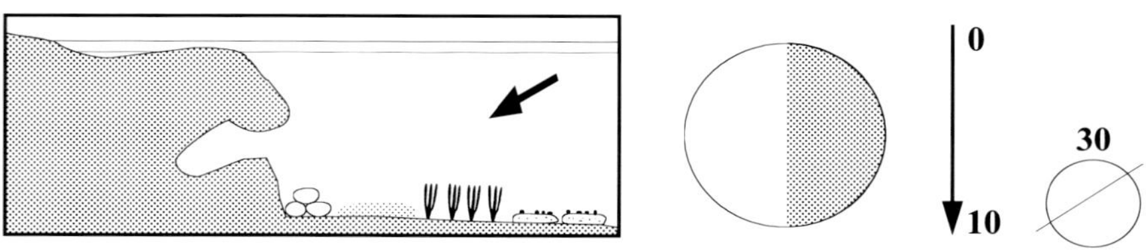

Wenn stürmische Winde längere Zeit gegen das Land blasen, kann man auch diese die Hochsee bewohnende Qualle in Ufernähe beobachten. Sie besitzt als besonderes Kennzeichen an einen Schiffskompaß erinnernde Streifen am Schirm und ist, wie die meisten Quallen, nicht in der Lage, sich gegen die Strömung fortzubewegen.

If there are strong winds from the sea this off-shore species can be observed near the shore. As its name implies it has stripes on its umbrella similar to those of a ship's compass. Like most scyphozoans it is not able to swim against the current.

Leuchtqualle - *Pelagia noctiluca* - Luminescent Jellyfish

Kompaßqualle - *Chrysaora hysoscella* - Compass Jellyfish

Lungenqualle - *Rhizostoma pulmo* - Lung Jellyfish

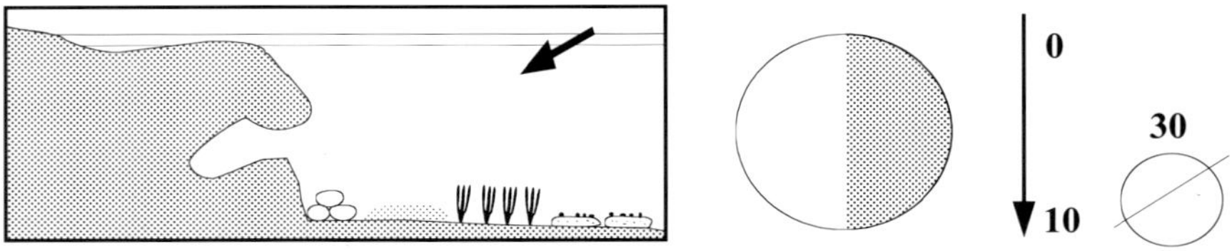

Die größte Qualle des Mittelmeers gehört zur Gruppe der Wurzelmundquallen, die statt einer einzigen Mundöffnung zahlreiche Poren haben, durch die nur kleinste Nahrungspartikel aufgenommen werden. Die Nesselzellen sind für den Menschen nicht gefährlich.

This, the largest jellyfish in the Mediterranean, belongs to the "rootmouthed" jellyfish which instead of a single central mouth have numerous tiny openings within the mouth-arms through which small plankton prey is ingested. Its stinging cells are not dangerous to humans.

Knollenqualle - *Cotylorhiza tuberculata* -Fried Egg Jellyfish

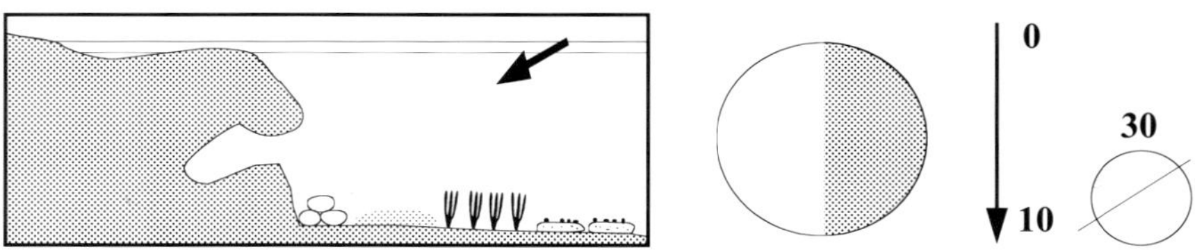

Sie ist auch eine Wurzelmundqualle, die den Menschen nicht nesseln kann. Oft sind unter ihrem Schirm Jungfische - meist Stachelmakrelen - zu finden. Ihre bräunlich-grüngelbe Farbe rührt von symbiontischen Algen (Zooxanthellen) her.

This also is a "root-mouthed" jellyfish that does not sting humans. Its brownish green colour is caused by symbiotic algae (zooxanthellae) within its tissue. Young fish - mostly jacks - can be found sheltering under it.

Lungenqualle - *Rhizostoma pulmo* – Lung Jellyfish

Knollenqualle - *Cotylcrhiza tuberculata* – Fried Egg Jellyfish

RIPPENQUALLEN – SCYPHOZOA – COMB JELLYFISH

Lappenqualle – *Bolinopsis infundibulum* - Comb Jellyfish

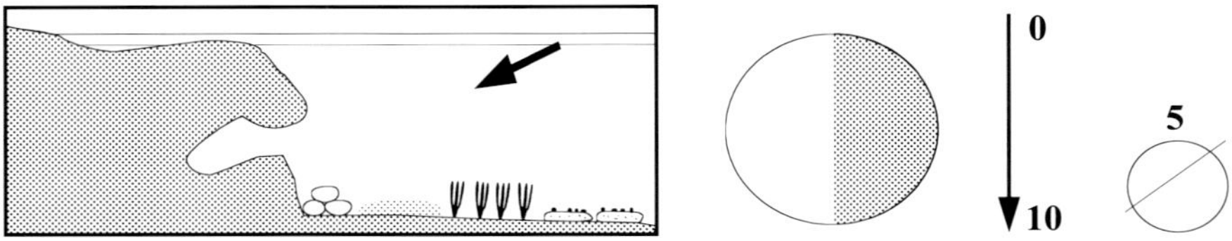

Diese relativ große Rippenqualle besitzt Mundlappen, die etwa die Hälfte der Körperlänge erreichen und anstelle von Nesselkapseln Klebezellen tragen, die zum Beutefangen dienen (Seite 39). Die charakteristischen, im Sonnenlicht irisierenden acht Reihen von Wimperblättchen sind auf die den Mundlappen abgewandte Körperhälfte beschränkt.

This large comb jellyfish has mouth-lobes that enclose the oral half of the animal. Instead of stinging cells the lobes have adhesive ones which are used to catch prey (page 39). Eight bands made up of many short transverse rows of fused cilia called combs iridesce in the sunlight; they are restricted to the half of the body away from the mouth.

Venusgürtel - *Cestus veneris* - Venus' Girdle

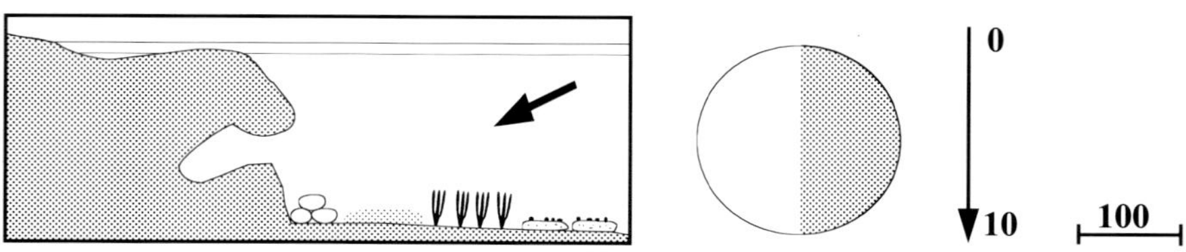

Diese langgezogene Rippenqualle kann über einen Meter lang werden. Sie ist ein Hochseebewohner, der auch gelegentlich in Küstennähe zu finden ist. Die unzähligen kurzen Tentakel besitzen nichtnesselnde Klebezellen.

This elongated comb jellyfish can grow to a length of more than one metre. It is an off-shore species that can rarely be seen near the coast. The innumerable short tentacles contain adhesive cells which do not sting.

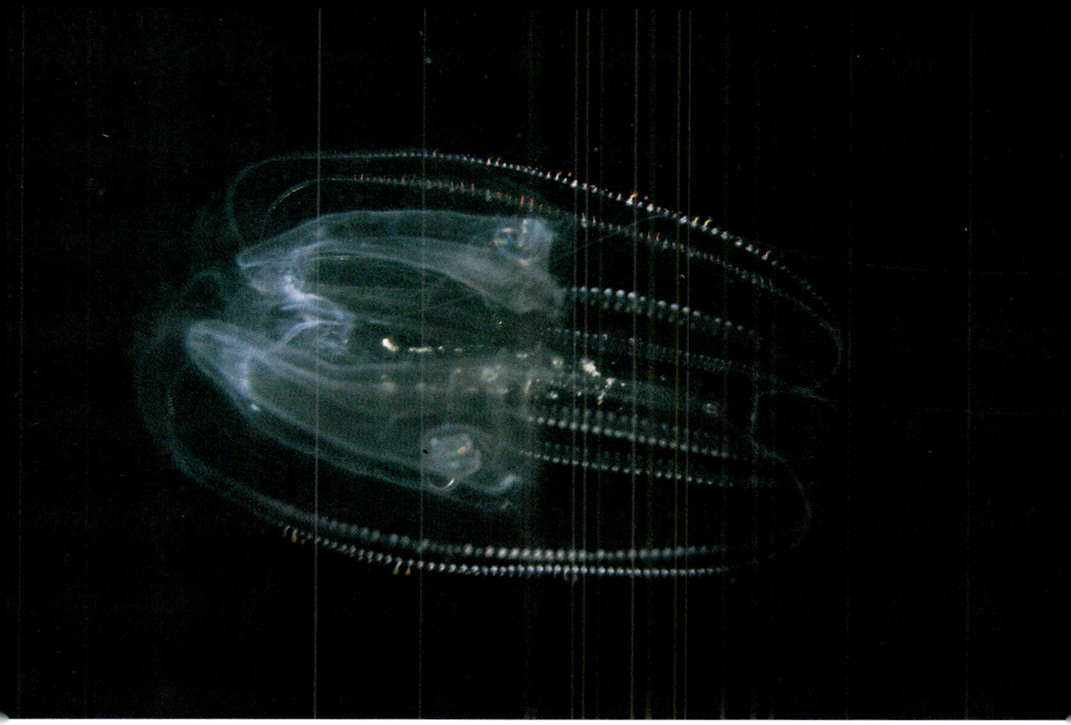

Lappenqualle - *Bolinopsis infundibulum* - Comb Jellyfish

Venusgürtel - *Cestus veneris* - Venus' Girdle

BLUMENTIERE – ANTHOZAO
ACHTSTRAHLIGE – OCTOCORALLIA
HORNKORALLEN – GORGONACEA – HORNY CORALS

Hornkorallen (Gorgonien) bilden meist Fächer in einer Ebene aus. Eine Platte aus verschmolzenen Zweigen verankert den Hauptstamm am Untergrund. Im Zentrum der Zweige verläuft eine flexible Achse aus einem hornartigen Protein, welches vom darüberliegenden Gewebe ausgeschieden wird. Dort sind auch die mannigfaltig gestalteten Kalknadeln eingebettet, die zur Artbestimmung dienen. Die kurzen, achtstrahligen Polypen *(Octocorallia)* stehen über die gesamte Oberfläche der Zweige verteilt. Sie können sich vollständig in die mehr oder weniger warzig erhobenen Kelche zurückziehen.

Sea fans and their relatives are called horny corals because they have a tough, flexible skeleton made of gorgonian, a horn-like protein. The skeleton is covered with living tissue that contains highly structured calcareous spicules, attributes which are useful for identifying the individual species. The polyps, each with eight tentacles, are usually retracted during the day in wart-shaped calices.
(Schmid et al. 1990:44).

Edelkoralle - *Corallium rubrum* - Red Coral

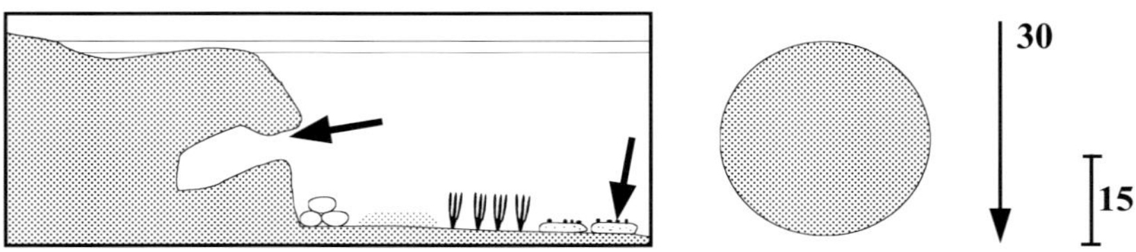

Sie gehört nicht zu den Steinkorallen, sondern zusammen mit den Gorgonien zu den Rindenkorallen. Ihr Hornskelett ist durch Kalkeinlagerungen gefestigt und wird zu Schmuck verarbeitet. Durch rücksichtslose Ausbeutung zählt sie zu den stark gefährdeten Arten.

The Red Coral is not a Stony Coral but, like the Sea Fan, a Horny Coral. Its horny skeleton is intermixed with limestone that makes it hard enough to be used for jewellery. Owing to indiscriminate exploitation it is one of the most endangered species.

GORGONACEA

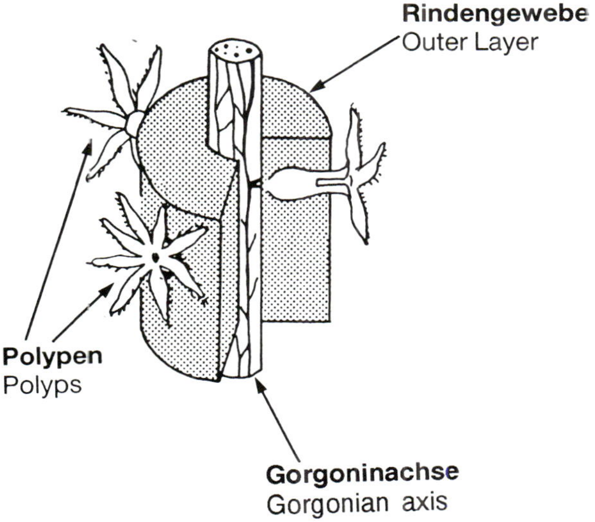

Edelkoralle – *Corallium rubrum* – Red Coral

Gelbe Gorgonie - *Eunicella cavolinii* - Yellow Sea Fan

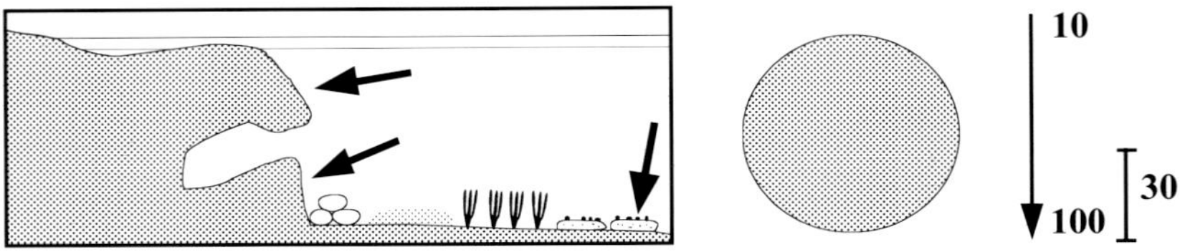

Die Gelbe Gorgonie errichtet an tieferen Felswänden quer zur Strömung gerichtete Fächer, die stark verzweigt sind und oft dichte Bestände bilden. Teile werden manchmal von der Weichkoralle *Parerythropodium coralloides* überzogen (Seite 52).

The Yellow Sea Fan lives attached to deep rocks and forms branched fans directed towards the currents. Its branches are sometimes covered with a red parasitic soft coral *(Parerythropodium coralloides)* (page 52).

Weiße Gorgonie - *Eunicella singularis* - White Sea Fan

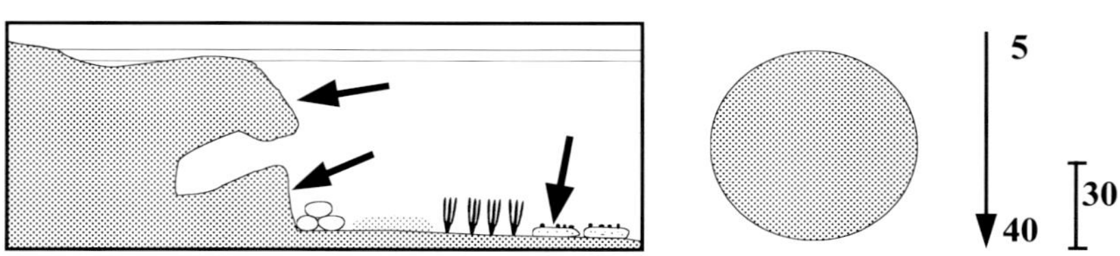

Sie bevorzugt nicht zu dunkle Felswände und tiefere flache Böden. Die Polypen (Insert) tragen symbiontische Algen. Zur Vermehrung geben sie Eier ab, aus denen dann freischwimmende Larven schlüpfen.

It has a preference for not too dark rock faces and deeper flat bottoms. The polyps (inset) are inhabitated by symbiotic algae. They reproduce by releasing eggs into the water out of which swimming larvae are hatched.

Gelbe Gorgonie – *Eunicella cavolinii* – Yellow Sea Fan

Weisse Gorgonie – *Eunicella singularis* – White Sea Fan

Orangerote Gorgonie - *Lophogorgia ceratophyta* - Orange Sea Fan

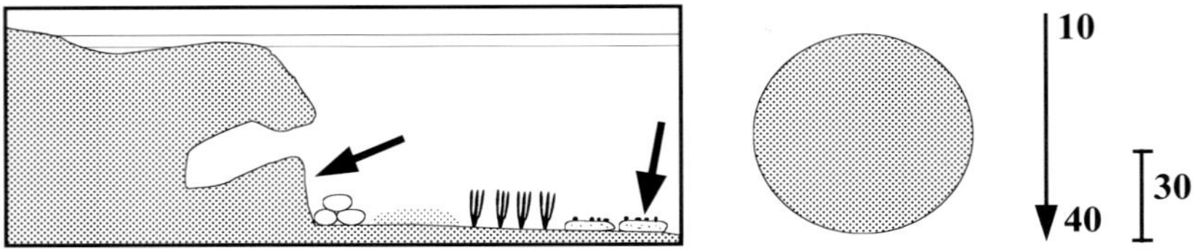

Diese weitverzweigte Hornkoralle ist im westlichen Mittelmeer auf flachem Korallengrund zu finden. Die Farbe kann von weiß über gelb bis ziegelrot oder purpur variieren.

This wide-branching horny coral is found in the western Mediterranean on flat coral beds. Its colour varies from white to yellow, brick red and purple.

Farbenwechselnde (Violette) Gorgonie - *Paramuricea clavata* - Violet Sea Fan

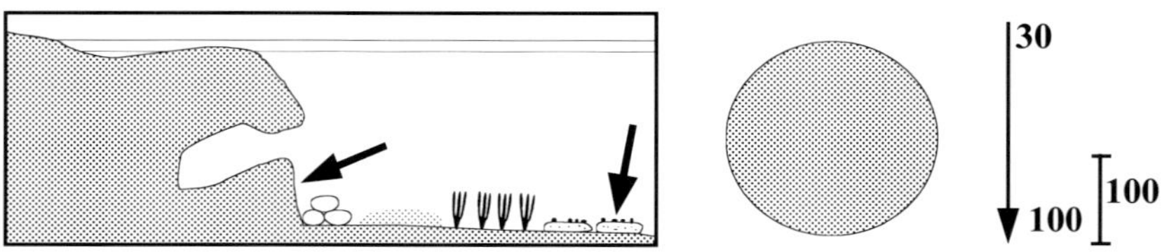

Sie bildet dichte Fächer, die manchmal über einen Meter hoch werden können. An tieferen, strömungsreichen Steilwänden im westlichen Mittelmeer kann sie massenhaft zu finden sein. Sie ist rot bis violett, stellenweise auch gelb gefärbt.

This species develops dense fans that sometimes grow to more than one metre in diameter. It is especially found in the western Mediterranean on deep rock faces with a good current where it forms dense populations. Its colour varies from red to violet, sometimes also to yellow.

Orangerote Gorgonie - *Lophogorgia ceratophyta* - Orange Sea Fan

Farbwechselnde Gorgonie - *Paramuricea clavata* - Violet Sea Fan

WEICH- ODER LEDERKORALLEN – ALCYONARIA – SOFTCORALS, SEAFINGERS

Parasitäre Weichkoralle - *Parerythropodium coralloides* - Parasitic Soft Coral

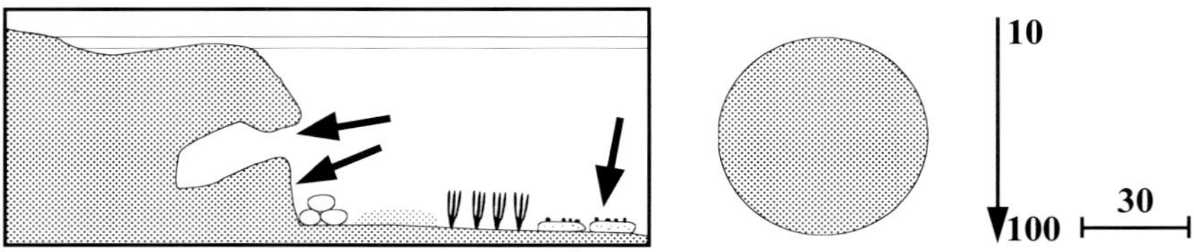

Diese Weichkoralle ist mit der Meerhand nahe verwandt und bildet sehr dünne Überzüge mit weißen Polypen hauptsächlich auf Gorgonien, aber auch auf Algen aus.

Parerythropodium is a soft coral similar to the sea fingers; it forms a very thin red sheet with white polyps mainly on the branches of gorgonians but also on the surface of some algae.

Meerhand - *Alcyonium acaule* - Sea Fingers

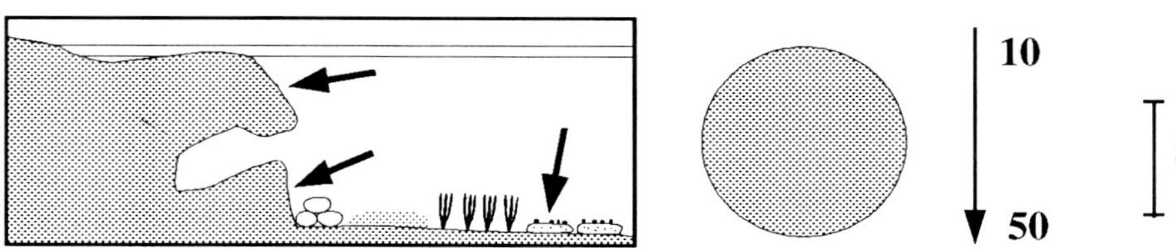

Diese Lederkoralle zählt zu den Octocorallia, hat also achtstrahlige Polypen, die kein hartes Skelett aufbauen. Bei Gefahr werden die Polypen eingezogen und das Volumen der Tierkolonie durch Ausstoßen von Wasser verkleinert.

This soft coral has eight-armed polyps which do not produce a hard skeleton. When threatened not only do the polyps retract but also the whole colony reduces its size by discharging water.

Parasitäre Weichkoralle - *Parerythropodium coralloides* – Parasitic Soft Coral

Meerhand - *Alcyonium acaule* – Sea Fingers

SECHSSTRAHLIGE BLUMENTIERE – HEXACORALLIA
SEEANEMONEN - ACTINARIA – SEA-ANEMONES

Anemonen haben einen zylinderförmigen, muskulösen, weichen Körper ohne Skelettelemente. Er haftet normalerweise fest am Untergrund; bei Störung zieht er sich stark zusammen, wobei Mund und Tentakel eingestülpt werden. Die nesselnden, in der Regel röhrenförmigen Tentakel umgeben die schlitzförmige Mundöffnung im Zentrum der Mundscheibe. Sie sind meist ausgebreitet und fangen tierisches Plankton.

Anemones have a cylindrical, muscular, soft body without a skeleton. When disturbed the body immediately contracts, drawing in its mouth and tentacles which are usually extended to capture plankton.
(Schmid et al. 1990:52).

Wunder-Anemone - *Alicia mirabilis* - Wonder Anemone

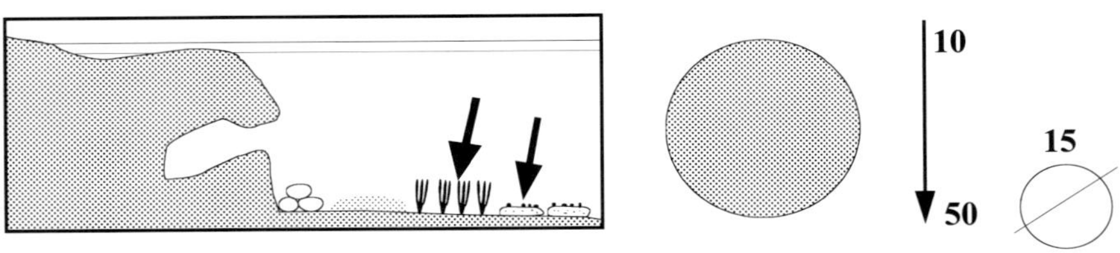

Diese äußerst dehnbare Anemone ist tagsüber kaum erkennbar (Insert). Sie sitzt nur leicht angeheftet auf festen Unterlagen aller Art und öffnet sich nachts zu einer hochgestreckten Form mit langen Tentakeln. Die auffälligen Blasen am Körper tragen Nesselzellen. Die Wunder-Anemone kann sich auch fortbewegen, indem sie sich mit halb ausgestreckten Tentakeln zu Boden beugt, mit dem Fuß losläßt und ihn an einem neuen Standort wieder festheftet.

This flexible sea anemone looks flat when closed during daytime (insert). It is lightly attached to a hard substratum and erects itself into an upright form with long tentacles at night. The bubbles on its body bear stinging cells. This anemone is able to move by stretching its oral disc with half-outstreched tentacles down onto the bottom, letting go with its foot and putting it down again in a new position.

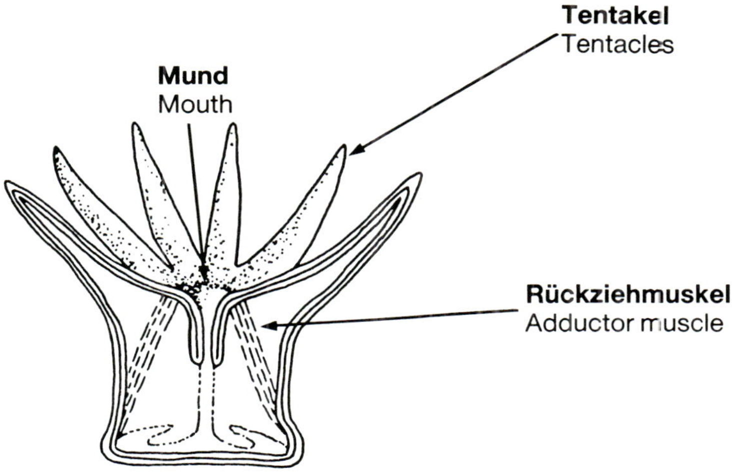

Wunder-Anemone – *Alicia mirabilis* – Wonder Anemone

Siebanemone - *Aiptasia mutabilis* - Trumpet Anemone

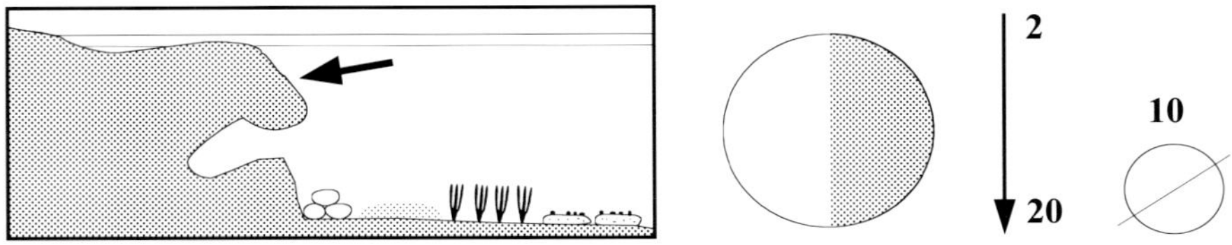

Die Nesselzellen sitzen auf Fäden (Akontien), die im Inneren der durchsichtigen, marmorierten Tentakeln gelagert sind. Bei Bedarf werden sie durch die Tentakelspitzen nach außen abgegeben. Bei Beschattung kontrahieren sich die Tiere ruckartig.

The stinging cells of this species are attached to thread-like structures (acontiae) stored within the transparent, somewhat marbled tentacles. When necessary they are released through openings at the tips of the tentacles. When shaded the whole anemone contracts abruptly.

Siebanemone (Flachwasserform) - *Aiptasia mutabilis* - Trumpet Anemone (shallow water form)

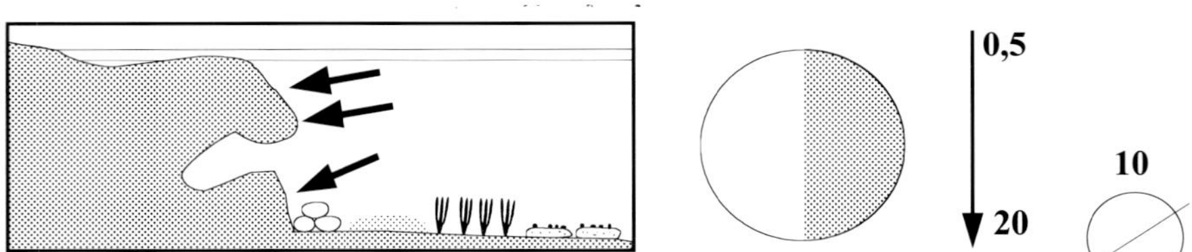

Diese früher als eigene Art *(A. couchi)* geführte Form der Siebanemone bildet oft rasenartige Kolonien, die meist durch ungeschlechtliche Teilung der Tiere entstehen. Die Tentakel sind bräunlich und nicht durchsichtig und tragen Akontien wie die obere Form.

This anemone, formerly defined as a separate species *(A. couchi)*, is only an ecomorph of the above species and establishes turf-like colonies by asexual budding. The tentacles are brownish, not transparent, and carry acontiae like the form described above.

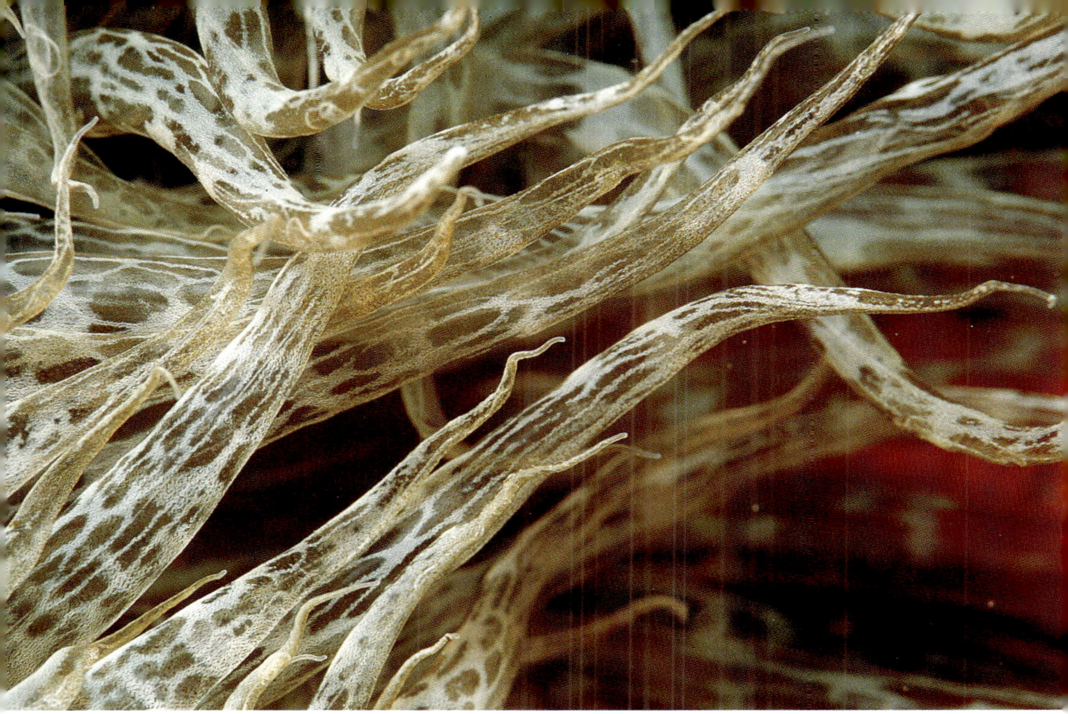

Oben: Siebanemone - *Aiptasia mutabilis* - Trumpet Anemone
Unten: Siebanemone (Flachwasserform) - *Aiptasia mutabilis*
Trumpet Anemone (shallow water form)

Wachsrose - *Anemonia sulcata, A. rustica* - Snakelocks Anemone, Opelet Anemone

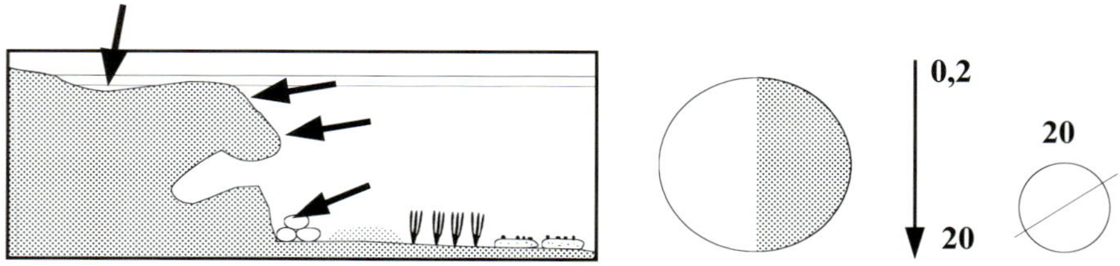

Die Tentakelspitzen sind durch eingelagerte Algen lila gefärbt. Erst kürzlich wurde die Wachsrose mit braunen Tentakelspitzen als neue Art, *A. rustica* beschrieben. Obwohl beide ein starkes Nesselgift besitzen, sind viele Krebstiere und ein Fisch *(Gobius bucchichii)* mit ihnen vergesellschaftet (Seite 116 und 136).

The tips of the tentacles are lilac-coloured by symbiontic algae within their tissue. Species with brown tentacle tips were recently described as a new species, *A. rustica.* Though both species have very potent stinging cells, some crustaceans and one fish *(Gobius bucchichii)* live in association with them (pages 116 and 136).

Wachsrose - *Anemonia sulcata (l), Anemonia rustica (r)*
- Snakelocks Anemone, Oplet Anemone

oben: Wachsrose – *Anemonia sulcata* – Snakelocks Anemone, Opelet Anemone
unten: Wachsrose mit Anemonengrundel und Gespensterkrabbe – Opelet with Anemone Goby and Spider Crab

Purpurrose (Pferdeaktinie) - *Actinia equina* - Beadlet Anemone

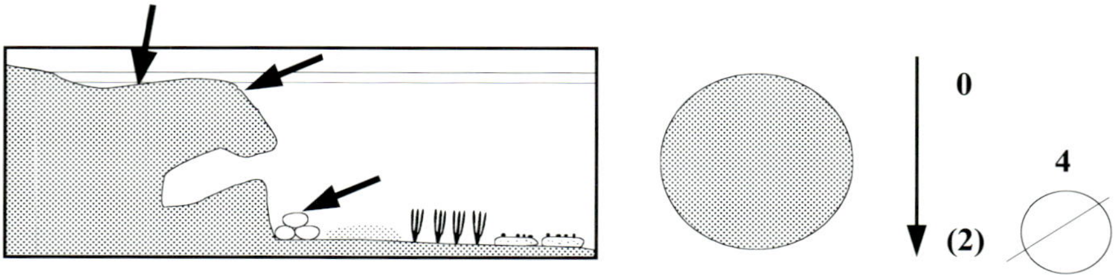

Die **Purpurrose, Erdbeerrose** oder **Pferdeaktinie** lebt in der Gezeitenzone, wo sie einige Zeit trocken fallen kann. Die nahe verwandte **Gürtelrose** *Actinia cari* bevorzugt jedoch lichtgeschützte Stein-Unterseiten. Beide sind meist nur nachts geöffnet und tagsüber kugelig kontrahiert.

The **beadlet anemone** lives in the intertidal zone where it may fall dry for some time. The closely related **girdle anemone** prefers the undersides of stones. Both species are mostly open at night and stay contracted to a globular shape during the day.

Gürtelrose - *Actinia cari* - Girdle Anemone

Purpurrose – *Actinia equina* – Beadlet Anemone

Purpurrose – *Actinia equina* – Beadlet Anemone

Goldrose - Condylactis aurantiaca - Golden Anemone

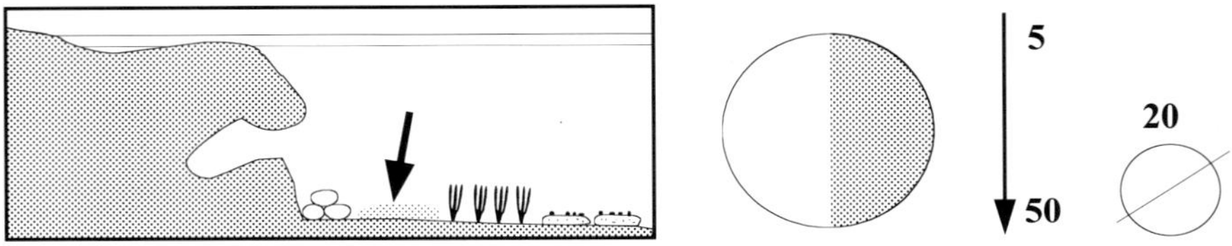

Die lila gefärbten Tentakelspitzen (daher auch Sandgoldrose genannt) dieser großen, einzellebenden Anemone liegen meist flach auf dem Weichboden auf. Bei Reizung zieht sich das ganze Tier langsam in den Untergrund zurück. Sie kommt nur im Mittelmeer vor und ist häufig mit kleinen Partnergarnelen (Seite 116) vergesellschaftet.

This large solitary anemone lives on soft ground and has tentacles with lilac-coloured tips. If threatened the whole animal slowly contracts into the sea bed. It is only found in the Mediterranean and is often accompanied by small anemone shrimps (page 116).

Dickarmige Anemone - *Cribrinopsis crassa* - Thick-Armed Anemone

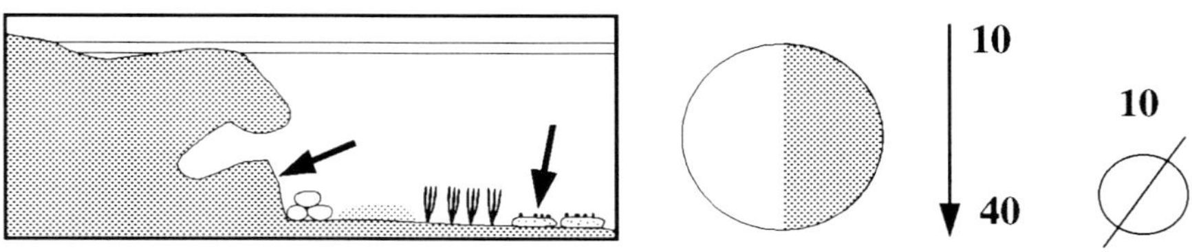

Dieser relativ seltene Einzelbewohner von Felsböden (daher auch Felsgoldrose) ist von der Goldrose durch stumpf endende, gleichmäßig dicke Tentakel zu unterscheiden. Bei Störung werden die Tentakel eingezogen, und das ganze Tier kontrahiert sich, wobei an der Außenseite des Körpers klebrige Saugwarzen sichtbar werden.

This is a relatively rare resident of rocky bottoms. It can be distinguished from the golden anemone by blunt tentacles which are the same thickness all the way along. When disturbed the tentacles are withdrawn and the whole animal contracts, thereby exposing warty suckers, situated on the outside of the body.

Sandgoldrose – *Condylactis aurantiaca* – Golden Anemone

Dickarmige Anemone – *Cribrinopsis crassa* – Thick-Armed Anemone

Grabende Anemone - *Andresia partenopea* - Burrowing Anemone

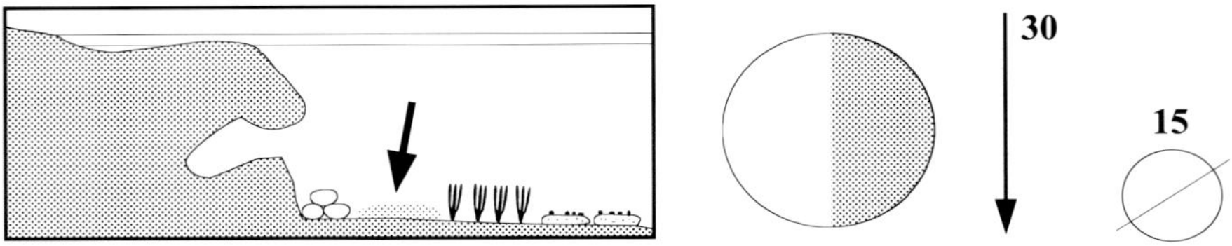

Der Körper dieser Art ist in den Sand- oder Schlammboden eingegraben. Die Tentakel können entweder steil nach oben gerichtet sein oder am Untergrund aufliegen.

The body of this species lies buried in the sandy or muddy bottom. The tentacles may either lie radiating outwards on the sandy surface or stand in an upright position.

Scheibenaktinie - *Phymantus pulcher* - Disc Anemone

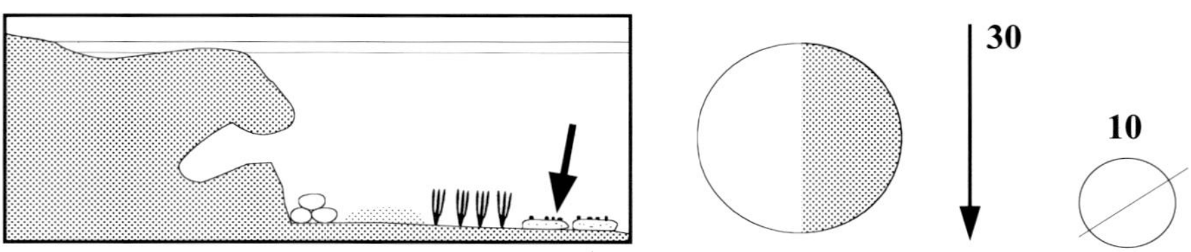

Die Tentakelscheibe mit den kurzen Tentakeln liegt flach am Untergrund auf. Die Färbung kann stark variieren und hängt teilweise von der Lichtintensität ab. Wie die meisten Aktinien oder Anemonen ist auch sie getrenntgeschlechtlich und pflanzt sich durch Eier fort.

The oral disc bears short tentacles and lies flat on the muddy bottom. Its colour varies and depends partly on the light intensity. Like most sea anemones it has seperate sexes and reproduces by ovulation.

Grabende Anemone – *Andresia partenopea* – Burrowing Anemone

Scheibenaktinie – *Phymantus pulcher* – Disc Anemone

Schmarotzerrose - *Calliactis parasitica* - Hermit Anemone

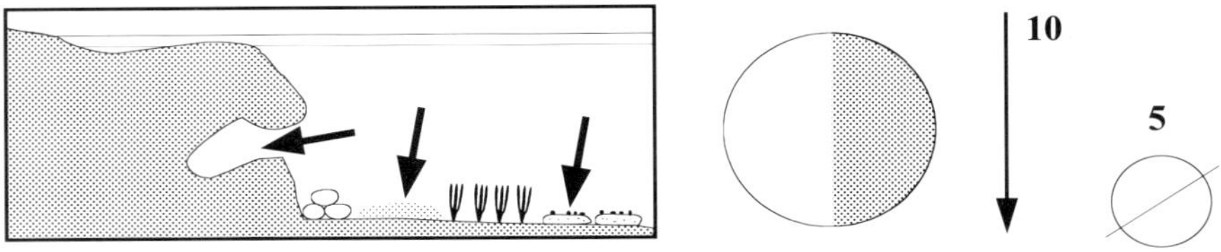

Die fälschlich als parasitisch bezeichnete Anemone bildet zusammen mit verschiedenen Einsiedlerkrebsen (Seite 126) ein Musterbeispiel einer Symbiose. Sie bewohnt nicht nur Gehäuse von Einsiedlern, sondern auch Schalen lebender Schnecken, wie hier ein Seeohr. Bei Gefahr stößt sie klebrige Fäden, sog. Acontien, aus (Insert).

This anemone lives together with different hermit crabs in a truly symbiotic association (page 126). It settles not only on the shells of hermit crabs but also on those on live snails such as this abalone. In danger it expels sticky threads (inset).

Seemannsliebchen - *Cereus pedunculatus* - Plumose Anemone

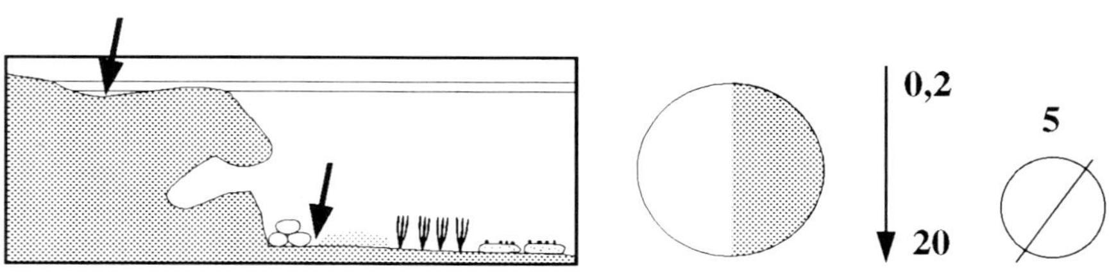

An seichten Stellen und in Fluttümpeln liegt die Tentakelscheibe eng am Untergrund an; bei tiefer vorkommenden Exemplaren wird sie durch den stielartigen Körper vom Boden abgehoben.

In shallow water and tide pools it presses its oral disc against the substratum. In deeper water its stalked column is raised high above the bottom.

Schmarotzerrose – *Calliactis parasitica* – Hermit Anemone

Seemannsliebchen – *Cereus pedunculatus* – Plumose Anemone

STEINKORALLEN – SCLERACTINIA – STONE CORAL

Gelbe Nelkenkoralle = Gelbe Steinkoralle – *Leptopsammia pruvoti* - Yellow Cup Coral

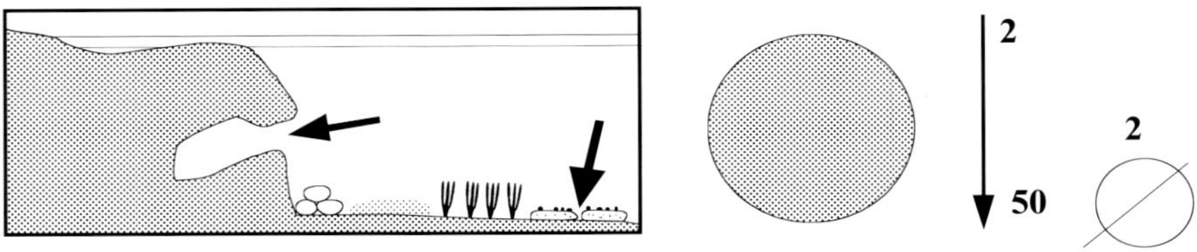

Diese solitäre Steinkoralle hat einen einzigen großen Polypen, der durch seine schwefelgelbe Färbung auffällt. Bei abgestorbenen Tieren sind an den Skeletten die Septen zu erkennen, die den Magenraum unterteilen (Insert).

This solitary stone coral has one single polyp coloured a striking sulphur-yellow. In the skeletons of dead organisms radially arranged ridges, sclerosepta, can be seen (inset).

Rasenkoralle - *Cladocora cespitosa* - Sand coral

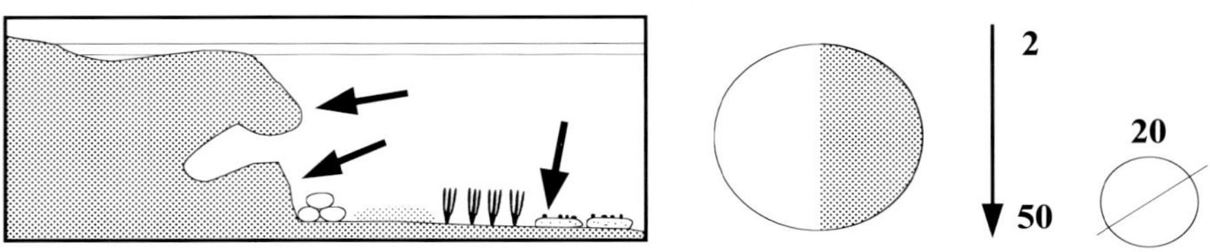

Das ist eine der wenigen stockbildenden Steinkorallen des Mittelmeeres. Sie bildet kugelförmige Kolonien, die nur ausnahmsweise Riffcharakter erreichen. Keinesfalls kann sie mit den tropischen riffbildenden Korallen verglichen werden.

This is one of the few real colonial stony corals in the Mediterranean. It forms spherical colonies which very rarely assume the character of a reef. It can not be compared with tropical reef corals.

Gelbe Nelkenkoralle – *Leptopsammia pruvoti* – Yellow Cup Coral

Rasenkoralle – *Cladocora cespitosa* – Sand Coral

ZYLINDERROSEN – CERIANTHARIA – TUBE ANEMONES

Zylinderrose - *Cerianthus membranaceus* - Tube Anemone

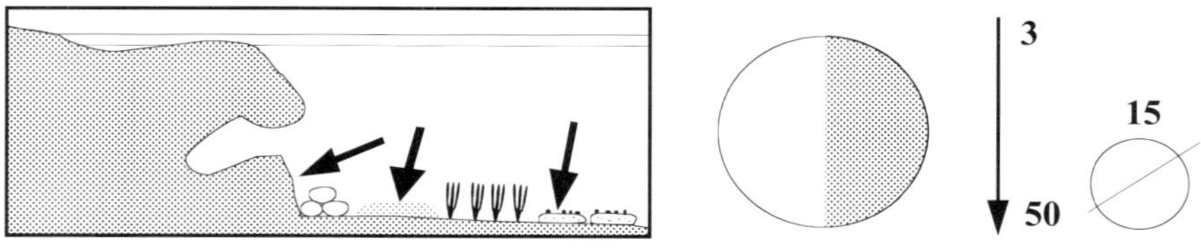

Diese Zylinderrose bildet bis einen Meter lange Röhren im Weichboden, ist aber auch in felsigen Bereichen zu finden. Bei Gefahr zieht sie sich blitzschnell zurück. Die langen, mit erbeuteten Kleinorganismen besetzten Tentakel werden von den kurzen Mundtentakeln „abgeleckt". Die Färbung ist sehr variabel: weiß, gelb, braun, grau, violett, schwarz.

This anemone produces tubes of up to one metre in length in soft sea beds but can also be found in rocky areas. When in danger it contracts swiftly. With its long tentacles it captured microorganisms which are then "licked off" by the shorter mouth tentacles. Its colour varies between white, yellow, brown, grey, violet and black.

KRUSTENANEMONEN – ZOATHARIA – COLONIAL ANEMONES

Gelbe Krustenanemone - *Parazoanthus axinellae* - Yellow Creeplet

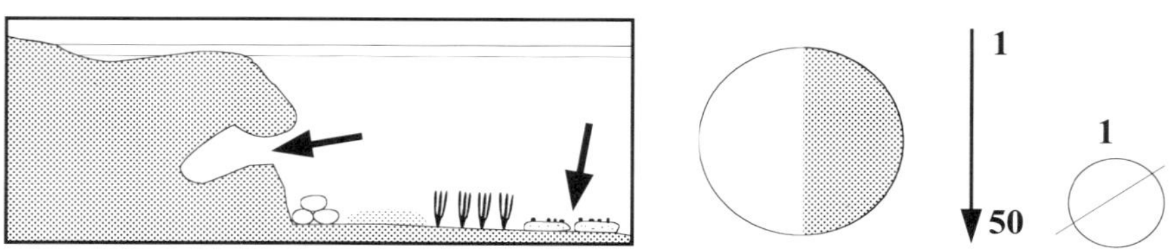

Diese koloniebildende Krustenanemone baut ihr Skelett aus verschiedenen Fremdkörpern auf. Sie besiedelt lichtarme Felsböden, aber auch Seescheiden und Geweihschwämme (Seite 26), die in diesen Bereichen leben. Die Färbung variiert von orange bis hellgelb.

This colonial anemone builds up a skeleton from various foreign bodies. It prefers rocky surfaces with low light intensity but also is found on sea squirts and horny sponges (page 26) in these areas. Its colour varies from orange to light yellow.

Zylinderrose – *Cerianthus membranaceus* – Tube Anemone

Gelbe Krustenanemone – *Parazoanthus axinellae* – Yellow Creeplet

KÄFERSCHNECKEN – POLYPLACOPHORA – CHITON
SCHNECKEN - GASTROPODA - SNAILS

Die meisten Schnecken haben eine Kalkschale, welche in der Regel als spiralförmig gewundenes Gehäuse ausgebildet ist. Die Höhe der Gehäusespindel, die Anzahl der Windungen, die Struktur und Farbe der Oberfläche sind wichtige Merkmale für die Artbestimmung. Der Körperbau gleicht dem der Landschnecken; zur Atmung dienen jedoch Kiemen anstatt Lungen. Manche fressen Algen, die sie mit ihrer Raspelzunge vom Untergrund abweiden, andere sind Räuber, welche Seesterne, Schnecken oder sogar Fische jagen. Von der großen Vielfalt können hier nur einige wenige typische Beispiele dargestellt werden.

The common snails have one calcareous shell that is usually coiled to a spiral-shaped housing. The length of the spindle, the number of whorls, the structure and colour of its surface are distinctive marks for the identification of species. Their soft bodies resemble those of the terrestrial snails but have gills instead of lungs. Some feed on algae, others are predators hunting starfish, other snails or even fish. Due to the great diversity of species we can only describe a few typical examples here. *(Schmid et al. 1990:110)*

Käferschnecken gehören innerhalb des Unterstammes der ACULIFERA zur Klasse der POLYPLACOPHORA und nicht zu den GASTROPODA, die dem 2. Unterstamm der Mollusken, den CHONCHIFERA, angehören.

Chitons (POLYPLACOPHORA) belong to the subphylum ACULIFERA and not to the subphylum CONCHIFERA like the GASTROPODA.

Käferschnecke - *Chiton olivaceus* - Chiton

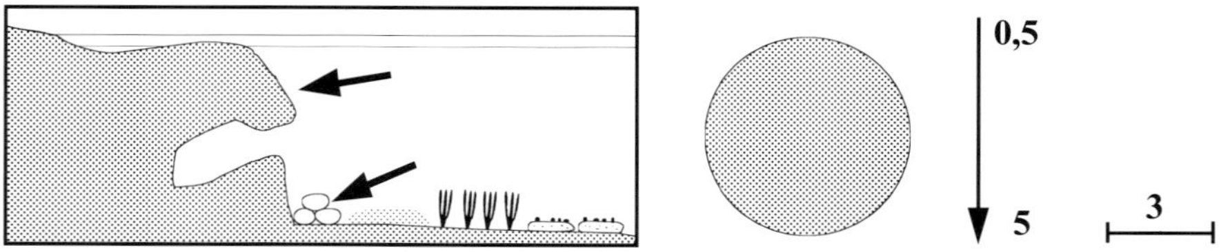

Da ihre Schale aus acht beweglichen Teilen besteht, wird sie nicht zu den Schnecken im „engeren Sinn“ gezählt, sondern gehört in eine eigene systematische Klasse. Löst man sie vom Untergrund, kugelt sie sich ab (Insert). Sie ernährt sich hauptsächlich von Blaualgen, die sie mir ihrer langen Reibzunge abraspelt.

Because its shell consists of eight movable plates it is not considered to be a ‘real’ snail but belongs to a separate systematic class. If loosened from the substratum it rolls up into a spherical form (inset). It feeds mainly on blue algae using its very long rasping tongue.

POLYPLACOPHORA, GASTROPODA

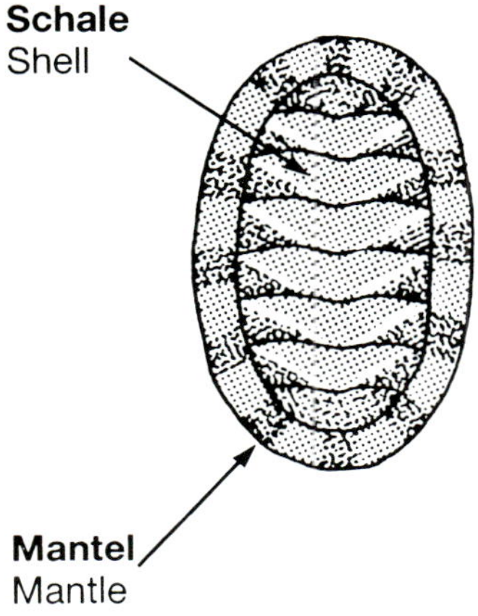

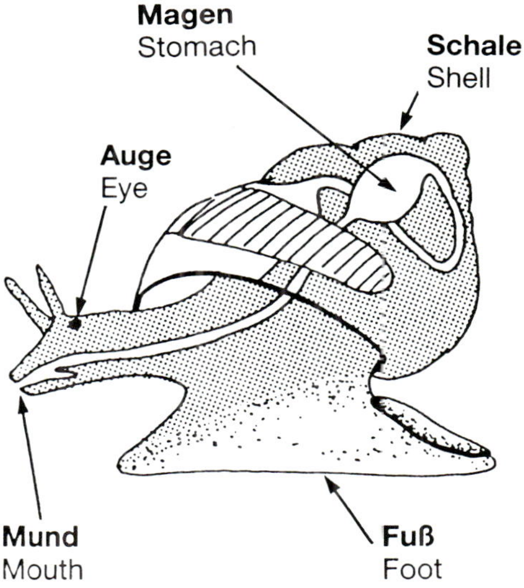

Käferschnecke – *Chiton olivaceus* – Chiton

Napfschnecke - *Patella lusitanica* - Limpet

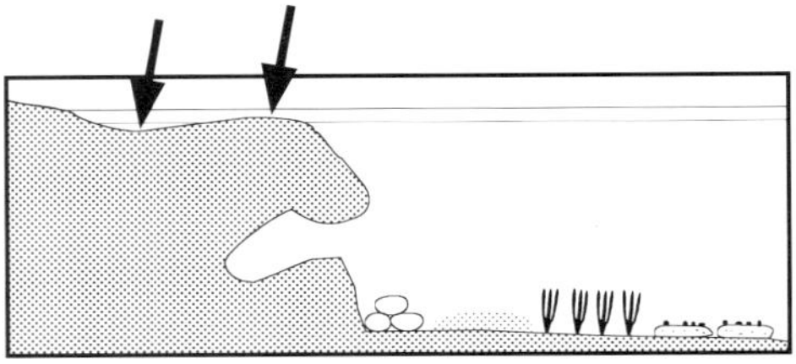
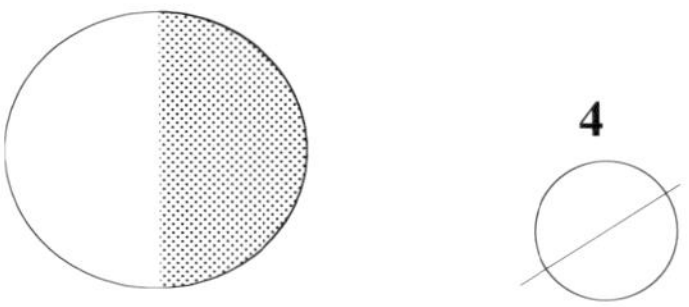

Die Schale ist nicht gewunden und kann so an den Felsgrund angepreßt werden, daß die Tiere bei Niedrigwasser vor Austrocknung geschützt sind. Sie haben einen fixen Sitzplatz, zu dem sie nach ihren Weidegängen - sie ernähren sich von Blaualgen, die in den obersten Gesteinsschichten sitzen - zurückkehren.

It has a flattened shell which is not shaped like a spiral and can be pressed against the rock so that the animal is protected from wave movements and drying out at low tide. The limpet has a fixed resting place to which it returns from grazing excursions. It feeds on blue algae which inhabit the uppermost layer of the rocks.

Seeohr - *Haliotis lamellosa* - Abalone

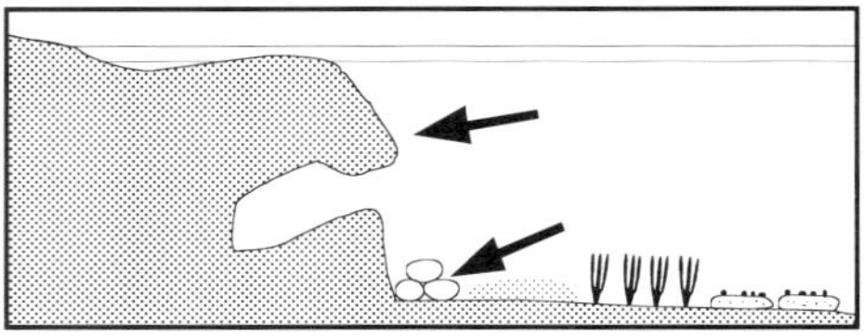
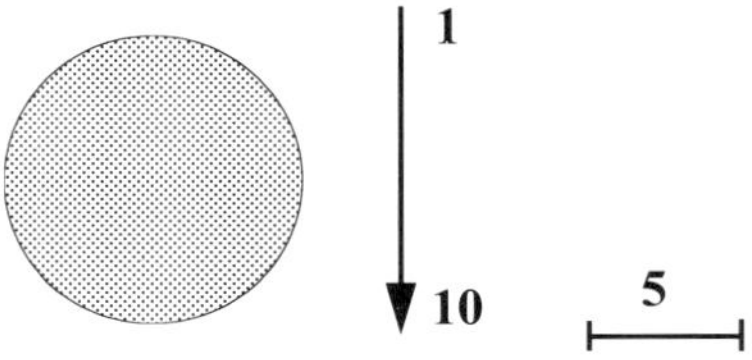

Die Schale besitzt eine Reihe von Löchern, deren größtes den Atemwasserstrom und Exkretionsprodukte aus der Mantelhöhle leitet; durch die kleineren Löcher werden tentakelartige Sinnesorgane gestreckt. Der kräftige Fuß dient der Fortbewegung und dem Ansaugen.

The shell of the abalone contains a series of wholes, the largest one of which is used to expel the breathing water and excretions from the mantle cavity. Through the smaller holes tentacle-like organs are stretched out. The strong foot enables the snail to creep around and to stick onto the bottom.

oben: Napfschnecke – *Patella lusitanica* – Limpet; Schnecken-Reibzunge, Fraßspur von *Patella* – Snail's Radula, Feeding Track of *Patella.*

unten: Seeohr – *Haliotis lamellosa* – Abalone

Würfelturban - *Monodonta turbinata* - Turban Shell

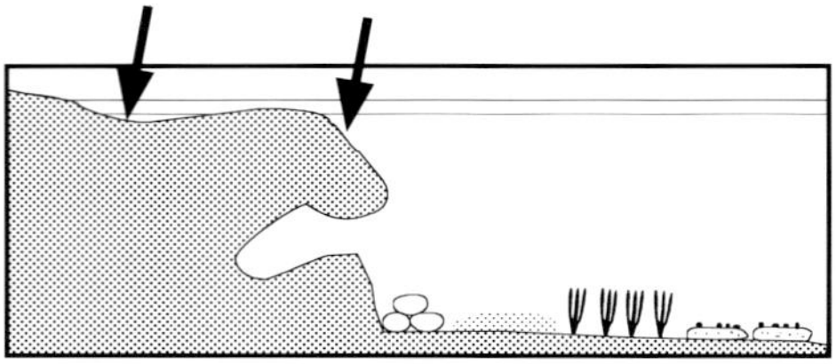

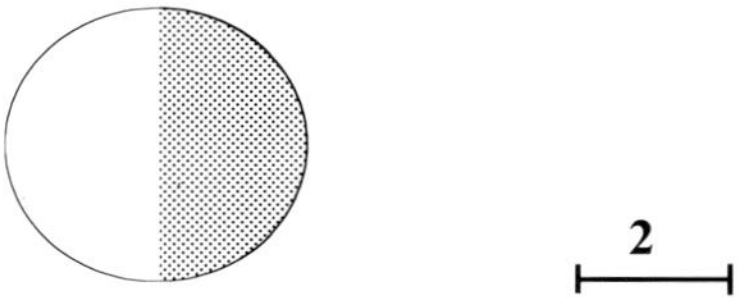

Er ist oft massenhaft in Felsspalten und unter Steinen im Gezeitenbereich anzutreffen. Die dicke Schale schützt das Tier vor der Wucht der Brandung, und ein horniger Deckel schließt das Gehäuse bei Gefahr und beim Trockenfallen während des Niedrigwassers dicht ab.

It can frequently be found in crevices and under stones within the intertidal zone. The shell of this species can be closed by a horny operculum if in danger or when falling dry at low tide. The thick shell protects the animal from the force of breakers.

Wurmschnecke - *Serpulorbis arenaria* - Worm Shell

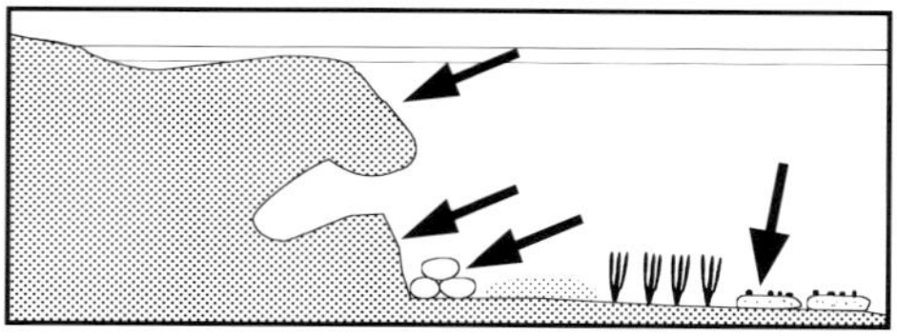

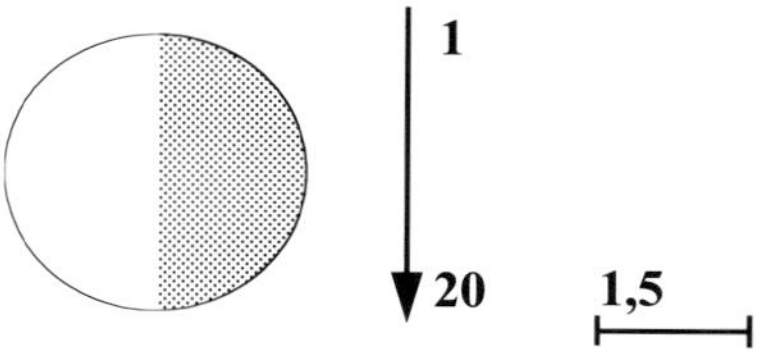

Der Fuß dieser Schnecke ist verkümmert, da sie in einer fest mit dem Untergrund verwachsenen Gehäuseröhre lebt. Sie erbeutet ihre Nahrung mit einem Schleimnetz, das sie in die Strömung auslegt und anschließend mitsamt dem Fang verzehrt.

This snail lives like a worm in a tube-like shell attached to the ground. It catches food by casting out a mucus net into the water current, pulling it in again to eat it with its catch of microorganisms.

Würfelturban - *Monodonta turbinata* – Turban Shell

Wurmschnecke - *Serpulorbis arenaria* – Worm Shell

Kauri- oder Porzellanschnecken - *Cypraeidae* - Cowries

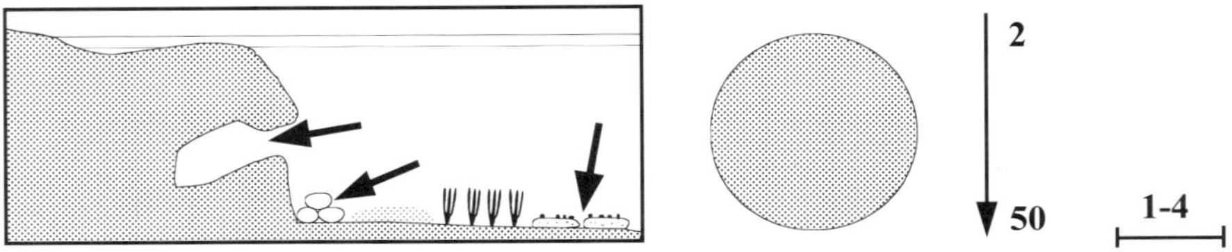

Wenn der Mantel bei Gefahr zurückgezogen wird, erscheint die blank polierte Schale. Man sollte vielleicht wissen, daß das Porzellan seinen Namen von den Schnecken bekommen hat und nicht umgekehrt.

The large "mantle" that normally covers the shell (inset) is retracted when danger threatens to reveal the glossy shell.

Herkuleskeule - *Murex brandaris* - Spinose Murex

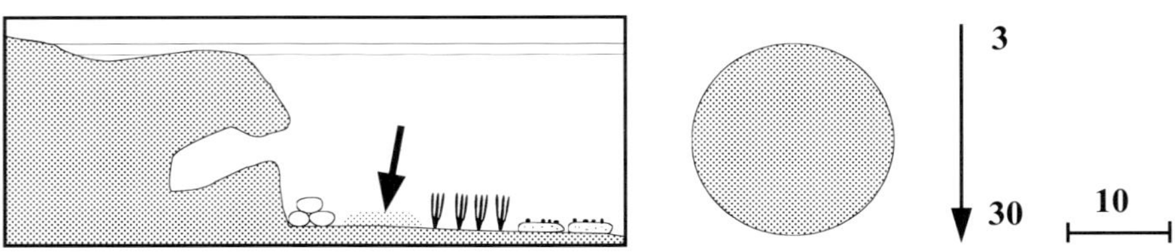

Die räuberische und aasfressende Schnecke lebt in den obersten Schichten von Weichböden, von wo aus sie mit ihrem langgestreckten Atemkanal die Beute ortet. Aus ihr und einigen verwandten Arten wurde im Altertum der kostbare Purpur (Farbstoff) gewonnen. Die Eier (Insert) werden von mehreren Tieren gemeinsam als Ballen abgelegt.

This snail feeds on both live and dead organisms and lives in the top layers of soft sea beds from where it locates its prey with its long syphon. This and some related species were used in ancient times to produce the precious purple dye. The eggs (inset) are laid by several snails together in large balls.

Kauri- oder Porzellanschnecken - *Cypraeidae* - Cowries

Herkuleskeule - *Murex brandaris* - Spinose Murex

Tonnen- oder Faßschnecke - *Tonna galea* - Giant Ton

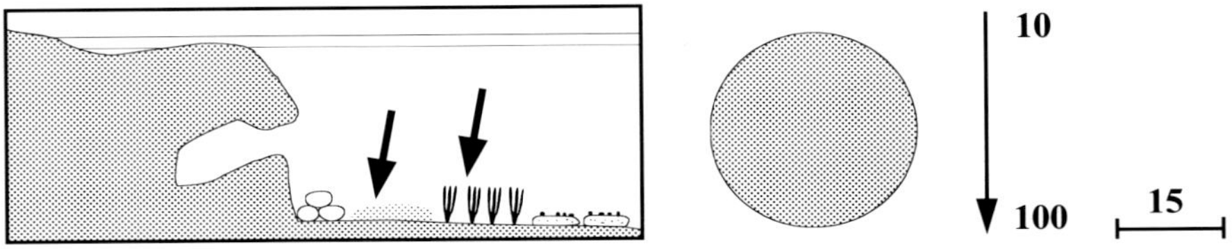

Sie produziert einen schwefelsäurehaltigen Speichel, mit dem sie die Kalkpanzer ihrer Beutetiere - große Muscheln und Stachelhäuter - auflösen kann. Tagsüber versteckt sie sich im Sand oder Seegras, nachts geht sie auf Nahrungssuche. Sie besitzt keinen Deckel, um ihr Gehäuse zu verschließen.

The Giant Ton produces sulphuric acid in its saliva gland which is used to dissolve the calcareous shells of its prey (large mussels and echinoderms). During the daytime it hides in the sand and in seagras beds and hunts for prey at night. It has no operculum to close its shell.

Tritonshorn - *Charonia lampas* - Triton, Trumpet, Shell

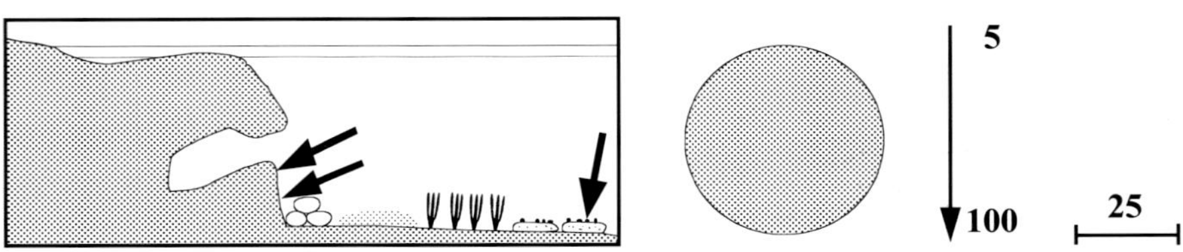

Diese Art ernährt sich wie die Tonnenschnecke von Muscheln und Stachelhäutern, vornehmlich Seesternen. Ihr Gehäuse wird schon seit dem Altertum gesammelt und dient auch heute noch manchen Fischern als Signalhorn. Ein dicker horniger Deckel schützt das Tier, wenn es sich in die Schale zurückgezogen hat.

This snail, like the Giant Ton, feeds on mussels and echinoderms. Since ancient times its shell has been much sought after and it is still used by some fishermen as a signal horn. It has a thick horny operculum to protect the snail when it withdraws into its shell.

Tonnen- oder Faßschnecke - *Tonna galea* – Giant Ton

Tritonshorn - *Charonia lampas* – Triton, Trumpet Shell

HINTERKIEMER - *OPISTHOBRANCHIA* - OPISTHOBRANCHS

Schnecken mit verkümmerter Schale, die von einer Mantelfalte verdeckt ist. Bei vielen Arten fehlt sie völlig. Der stark abgeflachte Körper hat bei manchen Arten lappige Schwimmflügel. Kopftentakel und Kiemen kommen in mannigfaltiger Form und Anordnung vor. Häufig liegt ein Kiemenblatt seitlich verdeckt unter der Mantelfalte oder mehrere Kiemen stehen kreisförmig angeordnet auf dem Rücken. Andere strukturierte Anhängsel (Cerata) können manchmal die Atemfunktion übernehmen, oder sie dienen der Abwehr. Dazu werden Nesselkapselzellen von Hydrozoen im Gewebe der Schnecken gespeichert (Seite 36). Die Unterklasse der OPISTHOBRANCHIA beinhaltet zahlreiche Ordnungen, die in viele Unterordnungen, Familien und andere systematische Gruppen untergliedert werden. Viele Erfahrungen mit dieser Tiergruppe, die sich ja nicht in den Sammlungen der „Gehäusesammler" finden kann, stammen von Sporttauchern und Unterwasserfotografen, die inzwischen Tausende von Bildern von dieser prachtvollen Tiergruppe gemacht haben. So zeigen wir hier nur eine kleine Auswahl dieser Arten, ohne auf die einzelnen Familien näher einzugehen.

The shells of these slugs are reduced or absent. They are flatter than most snails; some swim with graceful undulations, some have a crown-like tuft of gills on their backs and ear-like sensory organs on their heads that make them look a little like rabbits and thus give them the name "sea hare". A few kinds defend themselves with the stinging cells of hydroids that they have accumulated in their tissues (page 36). The subclass OPISTHOBRANCHIA contains a large number of shell-less families. The experience with this subclass is given mainly in the last few years by scubadivers and underwaterphotographers who took thousands of pictures of these colourful species. Though there is given only a small collection of these species without a closer system of the various families.

Orange Sternschnecke - *Doriopsilla miniata* - Orange Dorid (s.S. 90)

Rotbraune Sternschnecke - *Platydoris argo* - Red Dorid (s.S. 90)

Ordnung (Order): APLYSIOMORPHA
SEEHASEN - APLYSIIDAE - SEA HARES

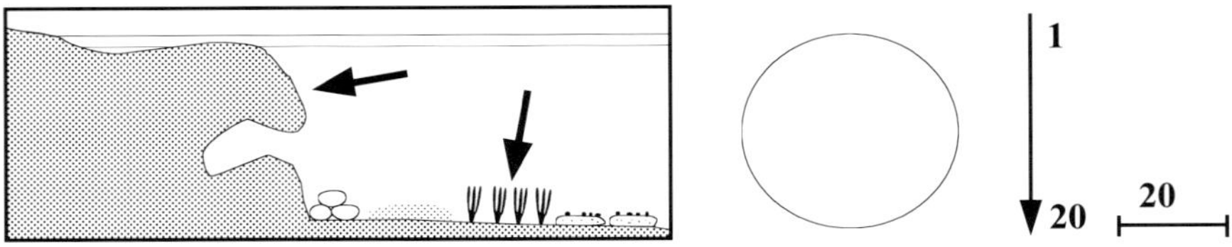

Zur Fortpflanzungszeit im Frühsommer können diese zwittrigen Tiere Ketten bilden, um sich gegenseitig zu befruchten. Der Laich, der aus mehreren Millionen Eiern besteht, wird in langen Schnüren abgelegt. Alle Seehasen sind Pflanzenfresser mit einem hohen Nahrungsbedarf.

During the breeding season in early summer these hermaphroditic animals are able to form chains to fertilize each other. Several millions of eggs are fixed to rocky surfaces in long, thin threads. All sea hares feed on plants and need a lot to eat.

Gestreifter Seehase - *Aplysia fasciata* - Striped Sea Hare

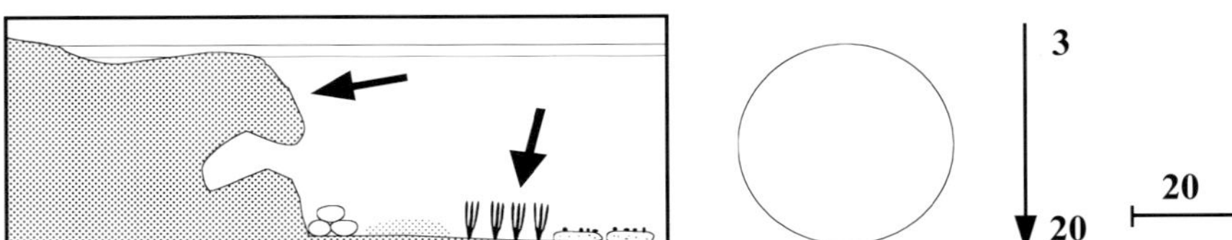

Sie besitzen eine innenliegende, weichhäutige Schale, die keine Schutzfunktion hat. Der Fuß ist durch seitliche Lappen vergrößert und ermöglicht neben dem Kriechen auch ein wellenförmiges Schwimmen. Bei Gefahr stoßen sie eine purpurfarbene giftige Flüssigkeit aus.

Sea hares have a soft inner shell that has no protective function. The foot is enlarged by lateral pads that enable the snail not only to crawl but also to swim with wave-like movements. In danger it discharges a purple toxic fluid.

Oben, links: Brauner Seehase – *Aplysia depilans* – Left: Brown Sea Hare
Rechts: Kleiner Seehase – *Aplysia punctata* – Right: Small Sea Hare
Unten: Gestreifter Seehase – *Aplysia fasciata* – Below: Striped Sea Hare

Sandhäschen - *Petalifera petalifera* - Sand Hare

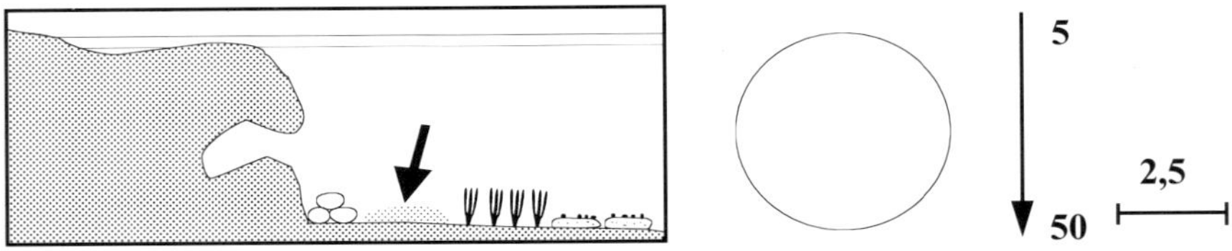

Während andere Seehasen dichte Algenrasen bevorzugen, gleitet das Sandhäschen mit gleichmäßigen Bewegungen über den Sandboden.

While other sea hares prefer dense mats of algae this species smoothly over the sandy sea bed.

Ordnung (Order): PLEUROBRANCHIOMORPHA

Schirmschnecke - *Umbraculum mediterraneum* - Umbrella Snail

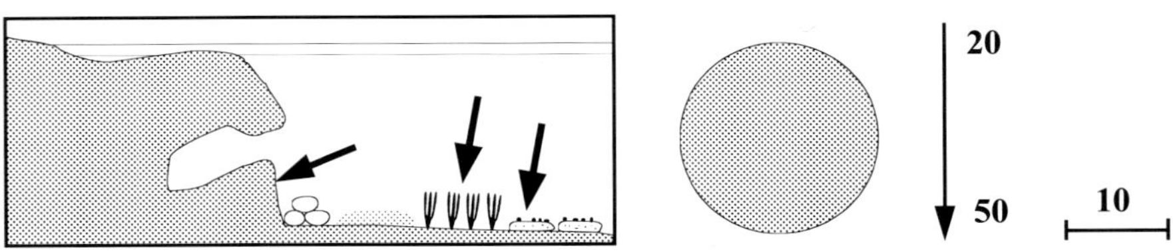

Die außenliegende Schale ist auf einen flachen Schirm reduziert, der häufig von Algen bewachsen ist. Die Schnecke ernährt sich von Schwämmen, aus denen sie mit ihrer Reibzunge (Radula) Stücke herausreist.

The outer shell of this species is reduced to small flat umbrella, often covered by algae. It feeds on sponges of which it extracts large pieces with its rasping tongue (radula).

Sandhäschen – *Petalifera petalifera* – Sand Hare

Schirmschnecke – *Umbraculum mediterraneum* – Umbrella Snail

Ordnung (Order): SACCOGLOSSA

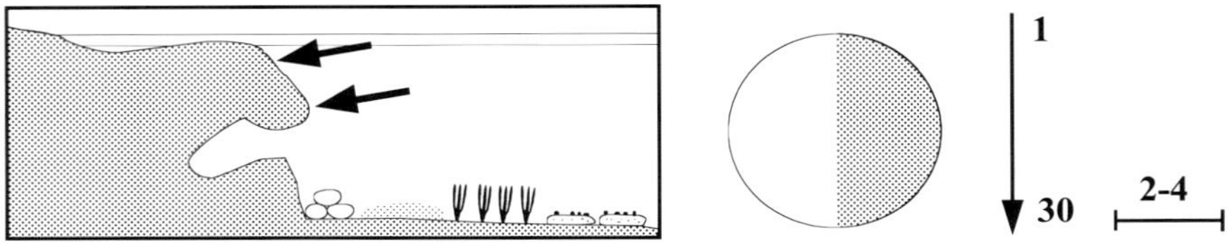

Die **Samtschnecke** ist meist auf sonnenbeschienenen Algen zu finden, von denen sie sich ernährt.

The **velvet slug** is usually found in sunny spots where the algae live on which it feeds.

Ordnung (Order): NUDIBRANCHIA
Schleierschnecke - *Tethys fimbria* - Veil Slug

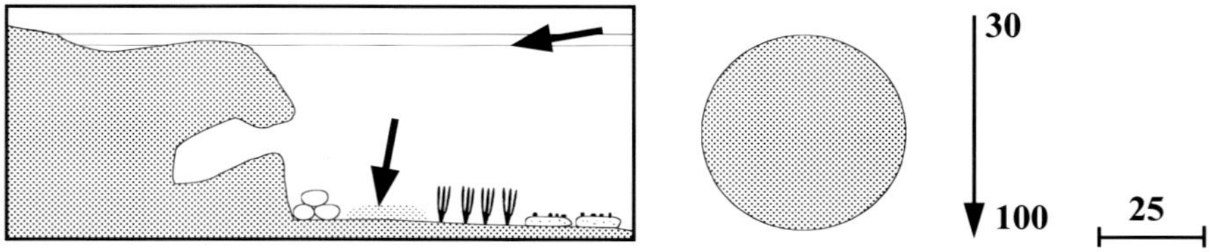

Diese räuberische Nacktschnecke fängt ihre Beute (Krebse, Weichtiere, Schlangensterne und sogar Bodenfische), indem sie ihr riesiges Stirnsegel über diese stülpt. Ab und zu soll sie an der Wasseroberfläche mit dem Rücken nach unten treibend gefunden werden.

This predatory nudibranch catches its prey (crustaceans, gastropods, brittle-stars and even bottom-dwelling fisch by covering it with its large forehead sail. It is reported that it also swims upside down on the surface of the ocean.

Bunte Samtschnecke – *Elysia hopei* – Velvet slug

Schleierschnecke - *Tethys fimbria* - Veil Slug

Schleierschnecke - *Melibe sp.* - Veil Slug

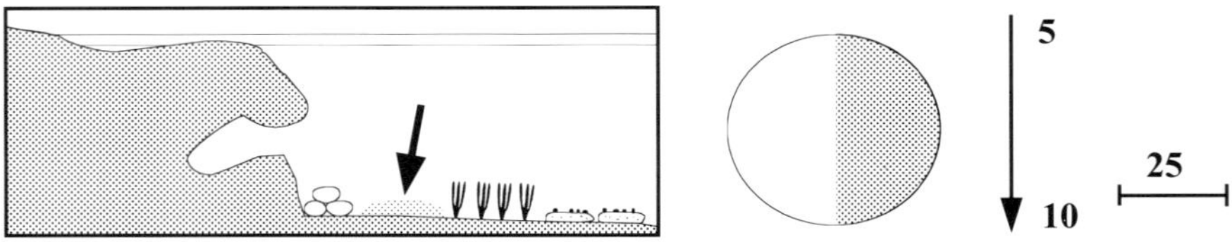

Diese große, der Wissenschaft bisher unbekannte Schleierschnecke wurde im Ionischen Meer und im Golf von Korinth auf Schlammböden kriechend gefunden.

This large species of veil slug has only recently been discovered. It was found on muddy sea beds in the Ionian Sea and the Gulf of Corinth.

STERNSCHNECKEN - DORIDACEA - DORIDS

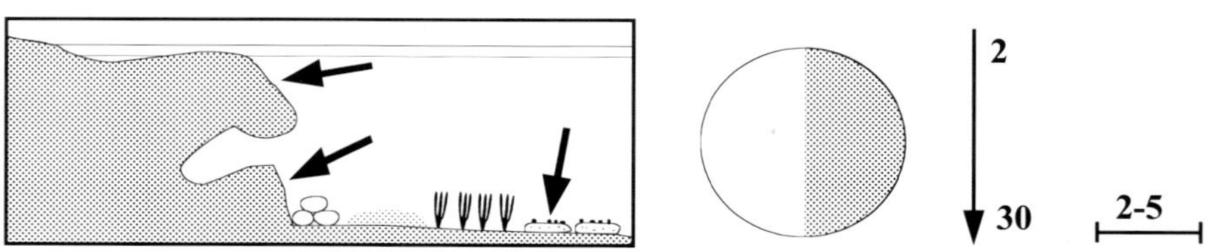

Diese schalenlosen Schnecken besitzen sternförmig um den am Rücken liegenden After angeordnete, äußere Kiemenbüschel, die ebenso wie ihre Fühler bei Gefahr eingezogen werden können. Viele von ihnen haben sich auf ganz bestimmte Nahrung spezialisiert. Die Eier werden meist in spiraligen Laichbändern abgelegt.

These sea slugs have a star-shaped bundle of gills on their back, arranged regularly around the anus. These and the two tentacles in front can be retraced when in danger. Most nudibranchs have one particular source of food. Eggs are laid in spiral shaped bands.

Schleierschnecke - *Tethys fimbria* - Veil Slug

Gelbrosa Sternschnecke - *Chromodoris luteorosa* - Yellow-Eyed Dorid

Leopardenschnecke - *Peltodoris atromaculata* - Dark-Pointed Dorid

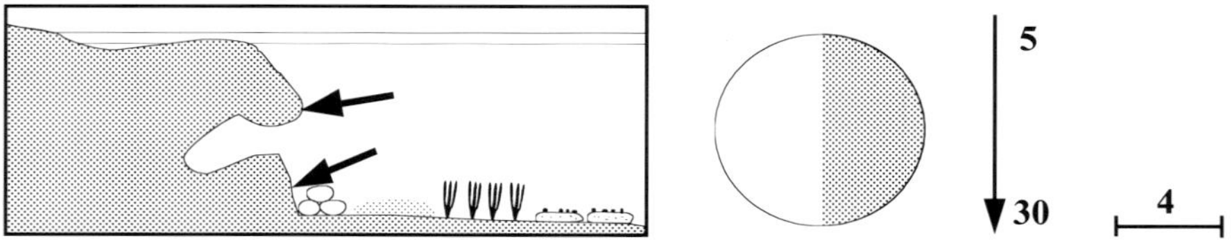

Sie sitzt oft in größerer Anzahl auf dem Brotschwamm (Seite 27), von dem sie sich ausschließlich ernährt. In Ihre Rückenhaut eingelagerte Kalkspikel verleihen ihr eine gewisse Festigkeit.

This species is often found on the surface of its sole source of food, the bread sponge (page 27). Large calcareous spicules lodged in its back make this slug rather compact.

Elegante Sternschnecke - *Hypselodoris elegans* - Elegant Dorid

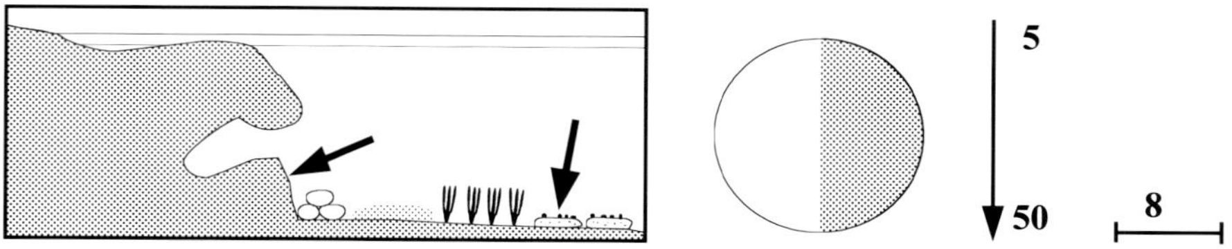

Diese große Sternschnecke kann in ihrer Färbung und Musterung stark variieren. Sie ernährt sich vorwiegend von Schwämmen.

This large dorid varies greatly in colour and pattern. It feeds mainly on sponges.

Leopardenschnecke – *Peltodoris atromaculata* – Dark-Pointed Dorid

Elegante Sternschnecke – *Hypselodoris elegans* – Elegant Dorid

Weißspitzen-Nacktschnecke – *Janolus cristatus* – White-tipped Nudibranch

Weißspitzen-Nacktschnecke - *Janolus cristatus* - White-tipped Nudibranch

Diese Schnecke ähnelt zwar den unten beschriebenen Fadenschnecken, doch ihre „Rückenanhänge" stehen bei genauerem Hinsehen gar nicht auf dem Rücken, sondern entspringen seitlich dem Mantelrand und reichen wie ein Kranz rund um den Körper. Ein eigenartiger Sinneswulst (Karunkel) liegt zwischen den lamellierten Riechhörnern (Rhinophoren). Eigene Familie.

This nudibranch is similar to the aeolids but its cerata don't arise from the back; they are lateral outgrowths from the edge of the mantle and form a ring around the body. An odd feature is the sensitive knob in between the two laminated rhinophores.

FADENSCHNECKEN – AEOLIDACEA

Die **Fadenschnecken** ernähren sich von Polypen der Hydrozoen (Seite 36). Die fädigen Rückenanhänge sind Ausstülpungen der Mitteldarmdrüse (Leber), in denen auch die Nesselzellen der Hydrozoen gespeichert werden können.

The specific diet of the **aeolids** are hydroid polyps)page 36). The long tubular projections on their backs are the outer folds of the "liver" that also store the hydroids' stinging cells.

Wanderfadenschnecke – *Cratena peregrina* – Migrating Aeolid

Violette Fadenschnecke – *Flabellina affinis* – Violet Aeolid

MUSCHELN - BIVALVIA - BIVALVES

Muscheln sind gekennzeichnet durch zwei Schalenhälften, welche den weichen Körper der Tiere vollständig umgeben. Die Schalen sind über ein schmales, elastisches Band (Ligament) miteinander verbunden. Sie werden durch einen oder zwei starke Muskeln geschlossen. Die Strukturierung der Schalenoberfläche, ihre Färbung und die Bezahnung des Schloßrandes dienen der Artbestimmung. Muscheln sind gewöhnlich festgewachsen oder stecken im Untergrund, wo sie als lebendige Pumpen große Mengen an Wasser filtrieren. Sie ernähren sich von Plankton, das an den Kiemenreusen hängen bleibt.

Bivalves are distinguished by a shell consisting of two valves that enclose the soft body of these animals. They are joined by a hinged elastic ligament that controls their opening. One or two strong muscles close the shell. The shape and colour of the valves as well as the number and shape of the hinge teeth are useful features for identifying the species. Bivalves grow on hard surfaces or live buried in muddy or sandy areas; they filter plankton from large quantities of water that they pump through their bodies.
(Schmid et al. 1990:120)

Stachelauster - *Spondylus gaederopus* - Spiny Oyster

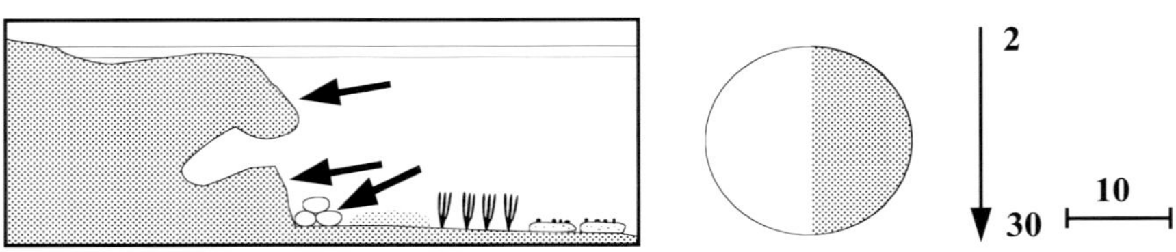

Diese auch Lazarusklapper genannte Auster bevorzugt bewachsene Felsen, auf denen sie sich festsetzt und selbst von Algen oder Schwämmen derart überzogen wird, daß man sie meist erst sieht, wenn sie sich zusammenzieht und schließt. Ihre schöne, violette Schale bekommt man daher in der Natur nicht zu sehen.

The spiny oyster prefers rocky surfaces to settle on; it gets so overgrown by algae and sponges that it can only be recognized when it contracts and closes. Its beautiful violet coloured shell is hidden under the growths.

BIVALVIA

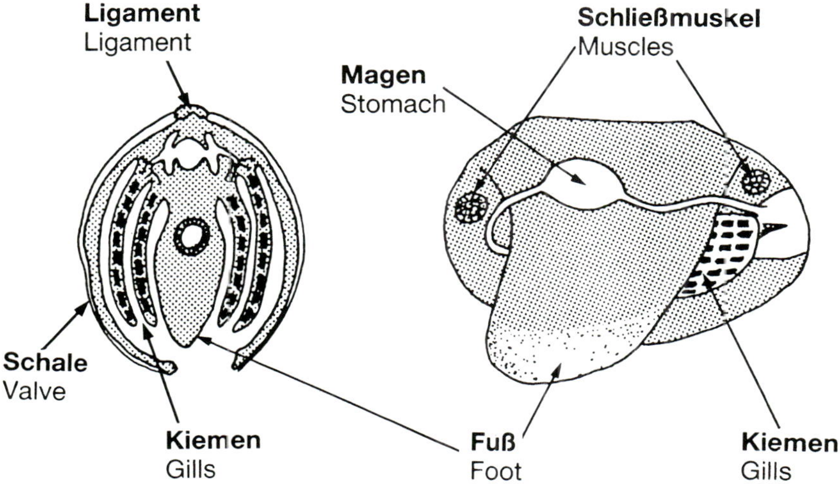

Stachelauster – *Spondylus gaederopus* – Spiny Oyster

Miesmuschel - *Mytilus galloprovincialis* - Mediterranean Mussel

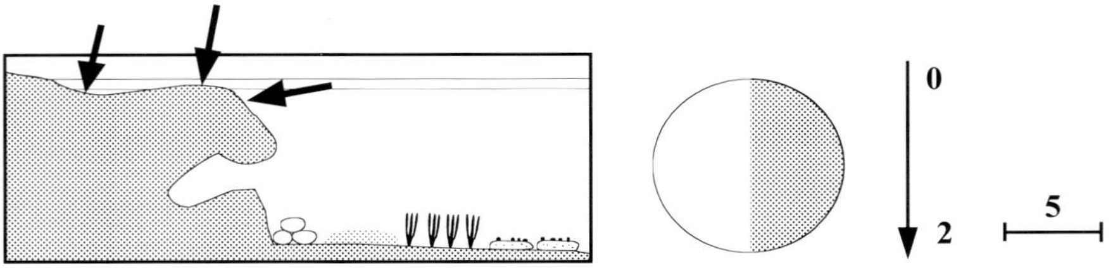

Ihr Vorkommen in dichten Bänken in der Nähe von Siedlungen, in Häfen usw. macht sie zu einem Anzeiger verschmutzten Wassers. Sie wird häufig auf Fischmärkten angeboten. Aufgrund ihrer filtrierenden Ernährungsweise reichert sie Schwermetalle und andere Gifte an, so daß ihr Genuß nicht unbedenklich ist.

These mussels grow in large banks near human settlements, in harbours etc. and therefore often seve as an indicator of polluted water. They are frequently sold at fish markets. Their filter feeding leads to heavy metals and other toxic substances being concentrated in their bodies so that they are not always safe to eat.

Vogelmuschel - *Pteria hirundo* - Wing Oyster

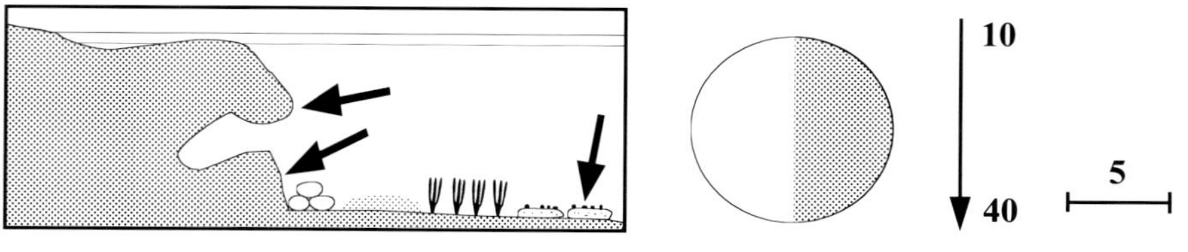

Sie befestigt sich mit Hilfe von selbstgesponnenen Byssusfäden vorwiegend auf Gorgonien (Seite 48). Die Schale besitzt einen flügelartigen Fortsatz, der ihr den Namen verliehen hat.

The wing oyster secretes a mass of strong threads (byssus) with which it attaches itself mainly to sea fans (page 48). Its name derives from a wing-like extension on its shell.

Miesmuschel – *Mytilus galloprovincialis* – Mediterranean Mussel

Vogelmuschel – *Pteria hirundo* – Wing Oyster

STECKMUSCHELN - PINNA - PEN SHELLS

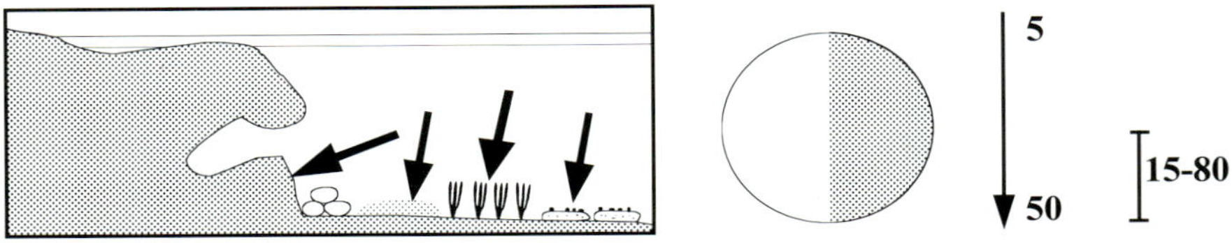

Sie heften sich mit selbstgesponnenen Byssusfäden im Untergrund fest; diese „Muschelseide“ wurde versponnen und zu Handschuhen verarbeitet. Im Schutz der Schalen wohnen einige Krebsarten, wie z.B. Muschelwächter und Steckmuschelgarnelen. Die bis zu einem Meter lange *P. nobilis* ist durch Übersammeln in ihrem Bestand bedroht.

Pen shells secrete byssus threads with which they attach themselves to the ground. This so-called “mussel-silk” used to be spun and used for making gloves. Small crustaceans like oyster crabs and pen shell prawns live in the shelter of the shells. *P. nobilis* can grow to a length of one metre; it is so sought after by collectors that the species has now become endangered.

Wächtergarnele - *Pontonia pinnophylax* - Pen shell prawn

Oben, links: Große Steckmuschel – *Pinna nobilis* – Left: Common Pen Shell
Rechts: Dornige Steckmuschel – *Pinna pernula* – Small Pen Shell
Unten: Junge Große Steckmuschel – *Pinna nobilis* – Juvenile Common Pen Shell

Flaschenmuschel - *Rocellaria dubia* - Flask Shell

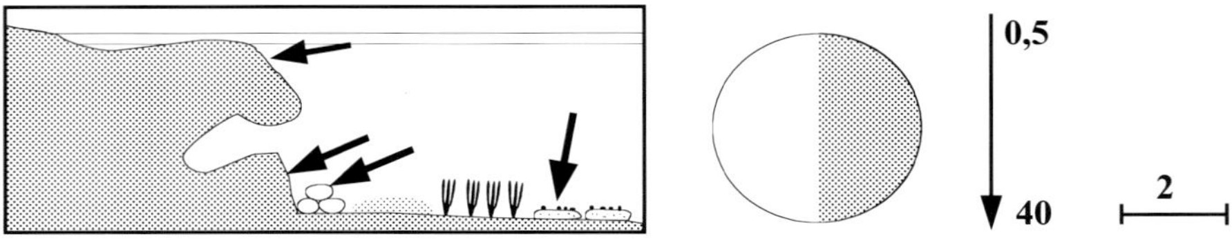

Ihre Larven setzen sich in vom Bohrschwamm (Seite 30) erzeugten Gängen im Kalkgestein fest. Mit dem Wachstum erweitern sie ihren Wohnraum durch Absonderung von Säure. Für diese Art ist der achterförmige verkalkte Sipho (Atemröhre) charakteristisch.

The larve of the flask shell settle in the holes that the boring sponge (page 30) has made in limestone rocks. As they grow they enlarge their living space by discharging acid. A typical feature of this species is a calcareous siphon shaped in a figure of eight for taking in a discharging water.

Steindattel - *Lithophaga lithophaga* - Date Shell

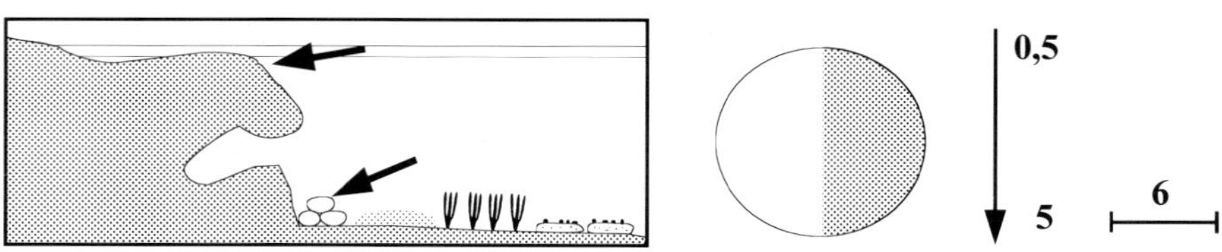

Sie bohrt wie die Flaschenmuschel im Kalkgestein, hat jedoch keinen verkalkten Sipho. Sie wird gerne gegessen; das Aufsammeln ist jedoch mühevoll, da sie einzeln aus den Felsen gebrochen werden muß.

Like the flask shell the date shell also bores into limestone but does not have a calcareous siphon. It is edible but breaking the shells off the rocks one at a time is hard work.

Flaschenmuschel - *Rocellaria dubia* - Flask Shell

Steindattel - *Lithophaga lithophaga* - Date Shell

Jakobs-Pilgermuschel - *Pecten jacobaeus* - Pilgrim's Scallop

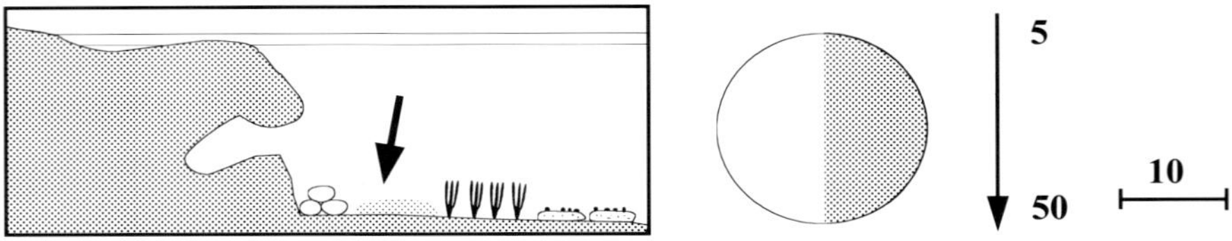

Sie liegt mit der gewölbten Schale nach unten an der Sandoberfläche. Entlang der Schalenöffnung befinden sich am Mantelrand zahlreiche reizempfindliche Tentakel und Augen, die zur Wahrnehmung von Feinden dienen. Bei Gefahr flüchtet sie schwimmend durch das Zusammenklappen ihrer beiden Schalenhälften.

With the convex half of its shell downwards the pilgrim's scallop lies on sandy bottoms. Along the opening of the shell it has sensitive tentacles and eyes ready to detect enemies. When attacked by predaters it swims away by expelling water from its shell valves in a series of snapping motions.

Feilenmuschel - *Mantellum sp.* - File Shell

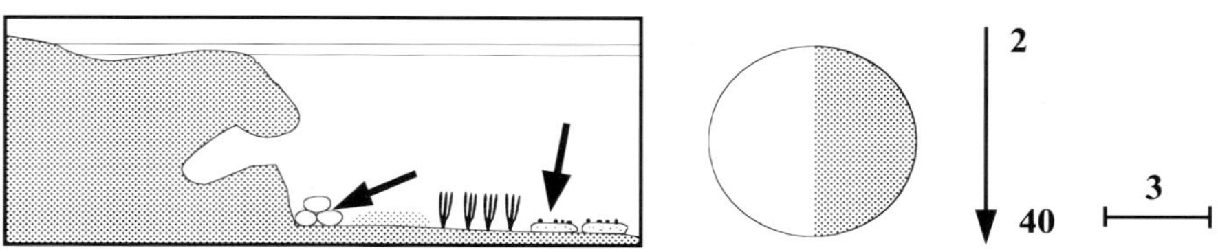

Sie spinnt Nester aus Byssusfäden. Bei Störung können ihre langen Tentakel nicht in die Schale eingezogen werden, aber durch wiederholtes Zusammenschlagen der Schalenklappen kann sie kurze Strecken schwimmen.

The file shell produces a web out of byssus threads. When it is disturbed it is unable to retract its long tentacles into the shell, but it can swim for short distances by snapping its shell valves together.

Jakobs-Pilgermuschel – *Pecten jacobaeus* – Pilgrim's Scallop

Feilenmuschel – *Mantellum sp.* – File Shell

KOPFFÜßER - CEPHALOPODA - CEPHALOPODS

Kopffüßer haben gut entwickelte Augen und die Fähigkeit, ihr Farbmuster blitzschnell dem Untergrund anzupassen. Charakteristisch sind ihre langen Arme, gewöhnlich acht oder zehn, mit starken Saugnäpfen, welche um die papageischnabelbewehrte Mundöffnung stehen. Die Kiemen liegen geschützt in einer Mantelhöhle, welche in einem trichterartigen Rohr unter dem Kopf endet. Zur schnellen Fortbewegung wird Wasser aus der Mantelhöhle mit heftigen Muskelkontraktionen durch den Trichter gedrückt, wobei ein starker Rückstoß entsteht. Alle Kopffüßer sind Räuber; sie fangen vorzugsweise Krebse und kleinere Fische.

These molluscs are active predators; they have large eyes and eight, ten or more sucker-bearing tentacles on their head. They can change colour quickly. Most species can swim rapidly by squirting out a yet of water through a funnel at the end of their head. Some have fins along their sides and at the rear. Their mouth is often armed with a strong horny beak that can inflict a painful bite. They feed on crustaceans and small fish.
(Schmid et al. 1990/124)

Gemeiner Krake - *Octopus vulgaris* - Common Octopus

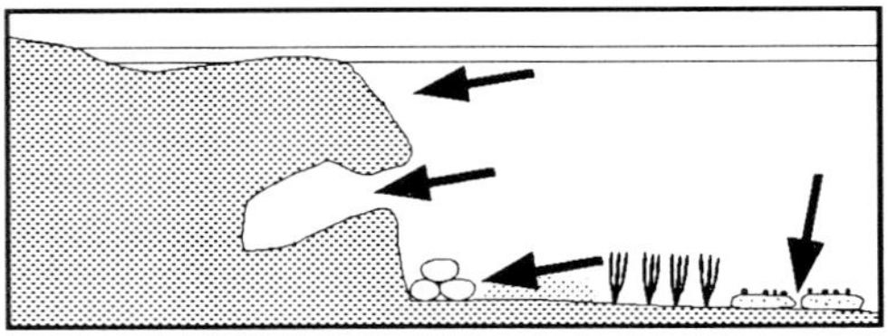

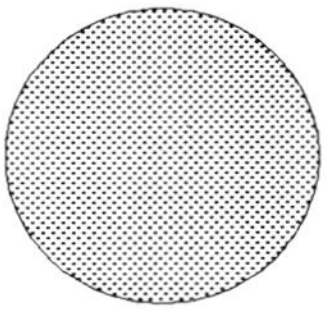

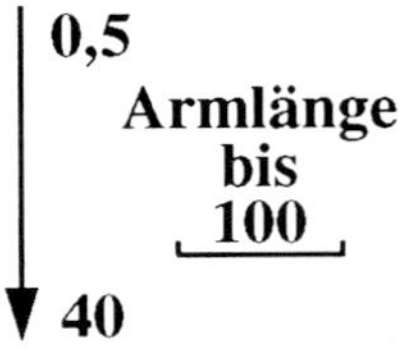

Der Krake besitzt acht ungefähr gleich lange Arme, die an ihrer Innenseite mit je zwei Reihen von Saugnäpfen besetzt sind. Mit ihrer Hilfe kann er am Boden dahinwandern, klettern und Steine, Muschelschalen usw. als Schutzwall vor sich halten. Fühlt er sich bedroht, so stößt er durch den Trichter eine Tintenwolke aus.

The common octopus has eight arms of approximately equal length with two rows of suckers along the inside. It uses them to walk on the sea bed, to climb and to hold stones, shells etc. as a protective wall in front of its body. When disturbed the octopus discharges a cloud of ink.

CEPHALOPODA

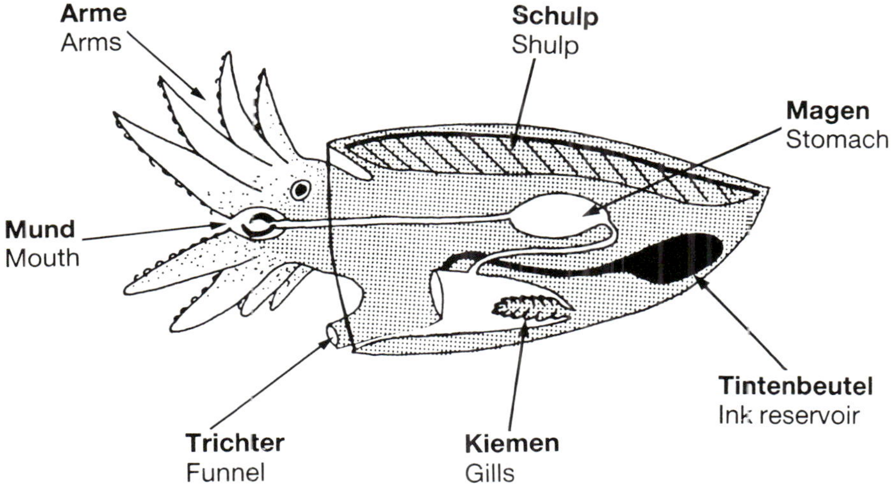

Gemeiner Krake - *Octopus vulgaris* – Common Octopus

Tintenfisch - *Sepia officinalis* - common Cuttlefish

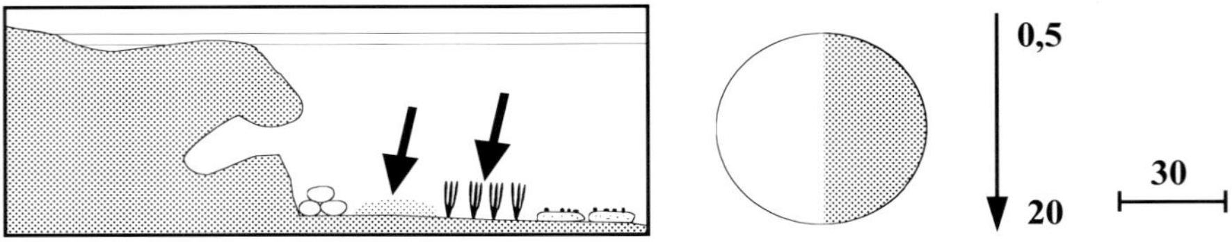

Obwohl sie sich im Algendickicht verstecken und in den Sand eingraben kann, sieht man die *Sepia* häufig mit Hilfe ihres Hautflossensaumes knapp über dem Grund dahinschwimmen, ihre Körperfärbung und Oberflächenstruktur stets dem Boden anpassend. Sie besitzt acht kurze Tentakel, die meist nach vorne unten gerichtet sind und zwei sehr lange Kopfarme, die eingeschlagen sind und nur zum Beutefangen nach vorne geschleudert werden.

Although it can shelter in growths of algae or bury itself in the sand the common cuttlefish can often be seen, well camouflaged, swimming along just above the sea bed. It has eight short tentacles which hang down at the front and two very long arms which are flung forwards to catch prey.

Kalmar - *Loligo vulgaris* - Longfinned Squid

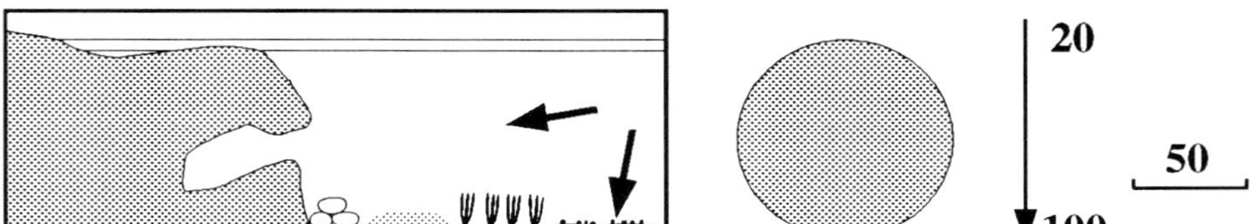

Der Kalmar ist ein schneller, nachtaktiver Schwimmer, der tagsüber in tieferen Regionen verweilt und nachts zum Beutefang bis in Oberflächennähe aufsteigt. Er wird von Fischern mit starken Lampen angelockt und mit großen Netzen erbeutet.

The squid is a fast-swimming, night-active hunter; it stays in deeper waters during the daytime and rises near the surface at night-time to catch prey. It is caught by fishermen using strong lights and large nets.

Tintenfisch - *Sepia vulgaris* - Common Cuttlefish

Kalmar - *Loligo vulgaris* - Longfinned Squid

SEEPOCKEN - CIRRIPEDIA - BARNACLES

Die Seepocken gehören zu den Krebstieren. Ihre Larven schwimmen einige Zeit frei im Wasser und verankern sich dann mit einer Zementdrüse an den Antennen auf festem Untergrund. Dann wächst ein aus Kalkplatten bestehendes Außenskelett kegelförmig um das Tier. Zur Nahrungsaufnahme strecken die Seepocken ihre fiedrigen Beine durch die Öffnung des Kegels nach außen und strudeln damit Plankton herbei. Sie sind Zwitter und befruchten sich gegenseitig mit einem langen Penis.

Barnacles are crustaceans. After swimming freely for a while their larvae attach themselves to hard surfaces using a cement-producing gland on their antennae. An external calcareous skeleton grows in a conical shape around them. Barnacles feed by extending their feathery legs through the opening at the top of the cone and catching plankton. They are hermaphrodites and fertilize each other with a long penis.

Seepocke - *Chthamalus stellatus* - Barnacle

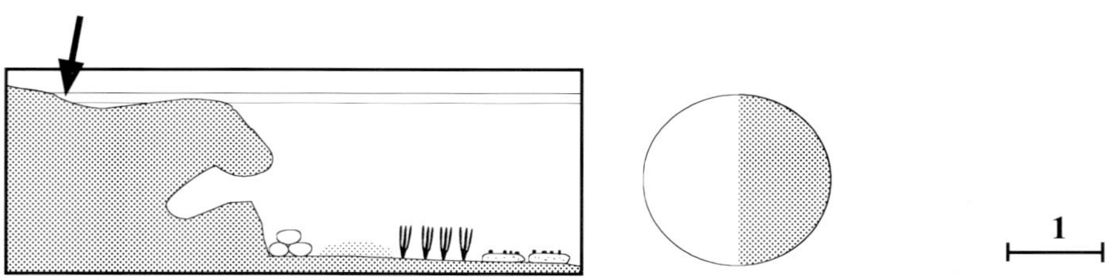

Diese Art ist häufig auf Felsen des Spritzwasserbereichs, des Supralitorals, zu finden. Sie kann dort wochenlang im Trockenen existieren; sobald sie durch Brandungswellen von Wasser bedeckt wird, öffnet sie ihren Deckel und fängt mit ihren Rankenfüßen Plankton.

This species is commonly found on rocks of the supralitoral. It can exist without water for several weeks. As soon as they get covered by incoming waves the barnacles open their operculum and start catching plankton with their tentaculasr legs.

CIRRIPEDIA

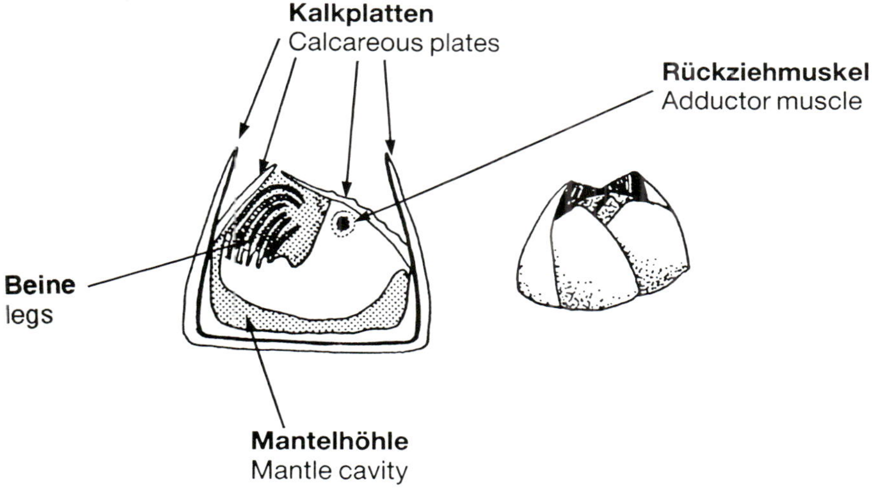

Seepocke – *Chthamalus stellatus* – Barnacle

ZEHENFUßKREBSE – DECAPODA – DECAPODS
GARNELEN, PANZERKREBSE - NATANTIA, REPTANTIA - SHRIMPS, LOBSTERS

Garnelen haben ein leichtes, oft transparentes Außenskelett, das häufig seitlich abgeplattet ist, während Langusten und Bärenkrebse (Panzerkrebse) ein schweres, stachelbewehrtes Skelett besitzen, welches in der Regel von oben nach unten abgeflacht ist. Die Stirn der Garnelen läuft oft in einen Dorn (Rostrum) aus. Die fünf Laufbeinpaare sind ungefähr gleich lang, wobei die ersten drei Scheren tragen können. Ihr langer, segmentierter Hinterleib hat Schwimmanhänge, die nur bei den Garnelen stark ausgebildet sind; dagegen ist der Schwanzfächer bei Langusten und Bärenkrebsen mächtig entwickelt.

Shrimps have a light external skeleton which is flattened at the sides, whereas lobsters have a heavy, spiny one which is usually narrower at the bottom. The rostrum may be well developed and toothed. Their five walking legs are more or less equal in length; the first three pairs carry pincers or claws. The long, segmented abdomen bears well-developed swimming appendages (shrimps) or a large fan-like tail (lobsters).
(Schmid et al. 1990:90)

Scherengarnele - *Stenopus spinosus* - Boxer Shrimp

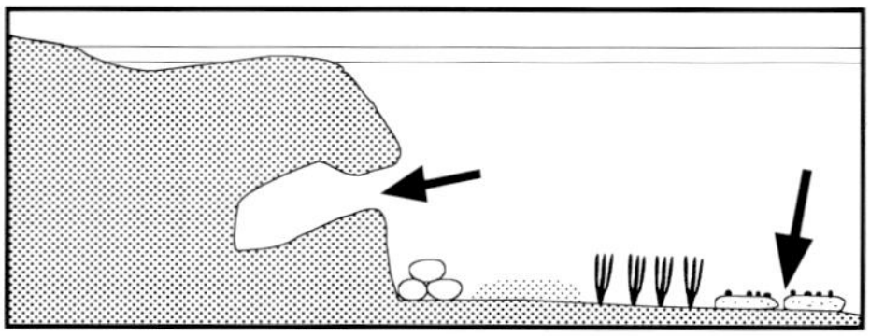

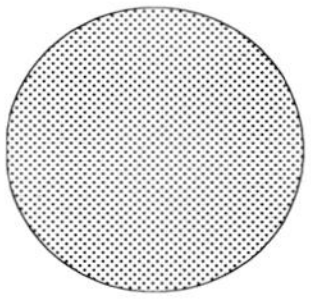

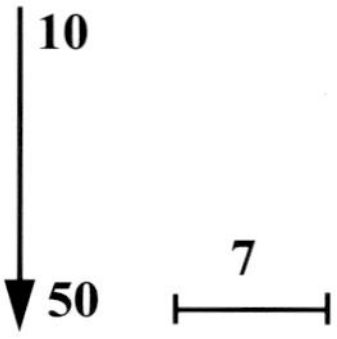

Sie ist mit der tropischen Putzer-Scherengarnele nahe verwandt, wurde aber noch nie putzend beobachtet. Sie führt tagsüber eine sehr versteckte Lebensweise in tiefen Höhlen, wo oft nur ihre langen weißen Antennen zu sehen sind.

Although it is a close relative of the tropical cleaner shrimp the boxer shrimp has never been observed cleaning. During the day it lives hidden in deep caves where often only the long white antennae can be seen.

DECAPODA (NATANTIA, REPTANTIA)

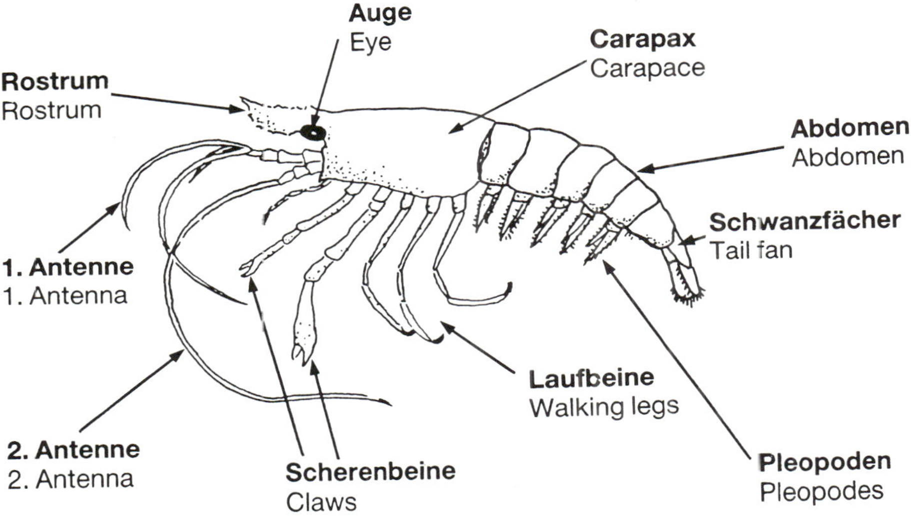

Scherengarnele – *Stenopus spinosus* – Boxer Shrimp

Felsengarnele - *Palaemon elegans* - Common Prawn

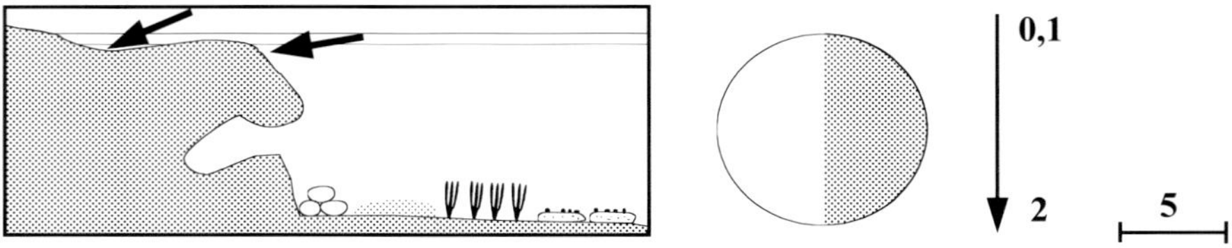

Der sägezahnartige Kopffortsatz ist typisch für diese gesellig lebende Garnele. Aufgrund ihres durchsichtigen Körpers ist sie nur schwer zu sehen, macht sich aber oft durch Anknabbern an der Haut bemerkbar.

This gregarious shrimp has a saw-toothed extended head. Its transparent body makes it nearly invisible in its natural environment but it often makes itself noticed by nibbling at one's skin. It is a very robust species, suitable for aquarium life and as an object for study.

Putzergarnele - *Lysmata seticaudata* - Cleaner Shrimp

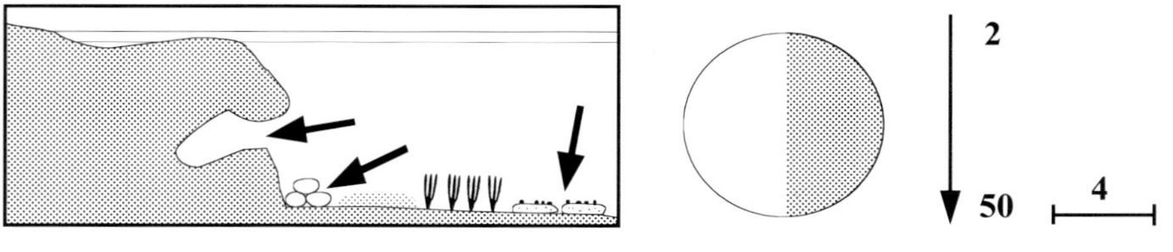

Sie lebt meist gesellig in kleinen Höhlen und Löchern. Manchmal teilt sie diese auch mit Muränen oder Meeraalen, deren Körper sie nach Parasiten absucht. Dabei kann sie bis in die Mundhöhle vordringen ohne gefressen zu werden.

It is a gregarious and usually live in small caves or holes. Sometimes it can be found co-habiting with morays or conger eels which it searches for parasites. Which cleaning it will sometimes enter the mouth of its host which allows it to go about its buisiness without swallowing it.

Felsengarnele - *Palaemon elegans* – Common Prawn

Putzergarnele - *Lysmata seticaudata* - Cleaner Shrimp

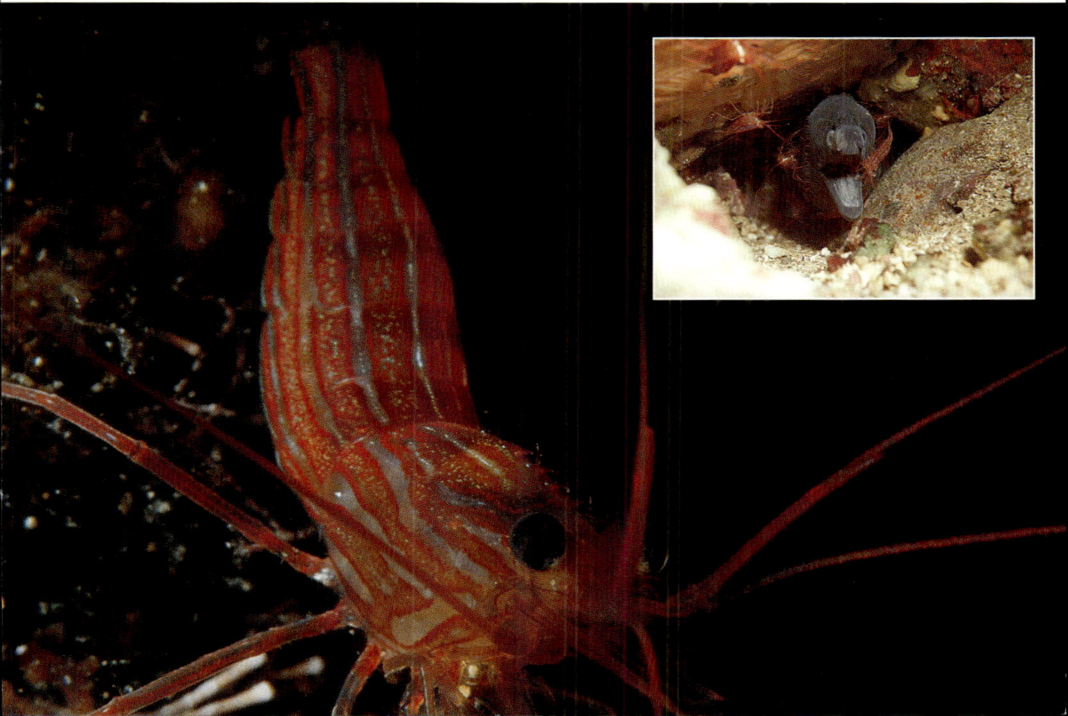

Partnergarnelen - *Periclimenes* - Anemone Shrimps

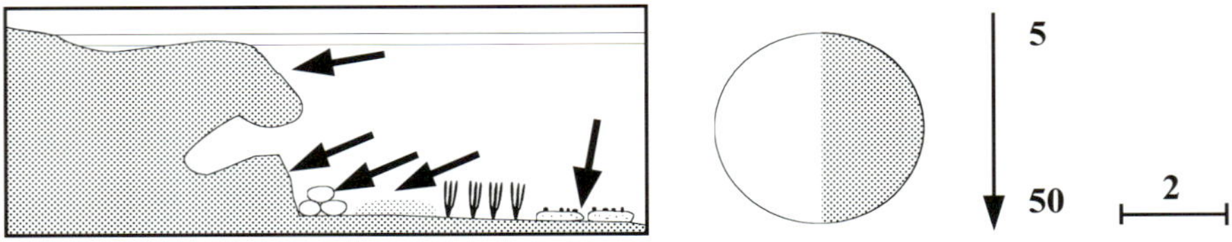

Sie sind hauptsächlich an der Wachsrose (Seite 58), aber auch an der Goldrose (Seite 62), der Glasrose (Seite 56) und der Dickarmigen Anemone (Seite 62) zu finden, vor deren giftigen Nesselzellen sie geschützt sind. Soweit sie ihre Wirtstiere anknabbern, muß man sie als Parasiten bezeichnen. Wir haben diese Arten aus diesem und nicht aus systematischen Gründen besonders hervorgehoben.

These shrimps live chiefly on opelets (page 58) but sometimes also on the trumpet anemone (page 56), the golden anemone (page 62) or the thick-armed anemone (page 62); they are protected against their stinging cells. As far as they nibble at their hosts they should properly be termed parasites.

Pfeil-Partnergarnele - *Periclimenes sagittifer* - Anemone Shrimp

Amethyst-Partnergarnele – *Periclimenes amethysteus* – Anemone Shrimp

Schrift-Partnergarnele – *Periclimenes scriptus* – Anemone Shrimp

Hummer - *Homarus gammarus* - Common Lobster

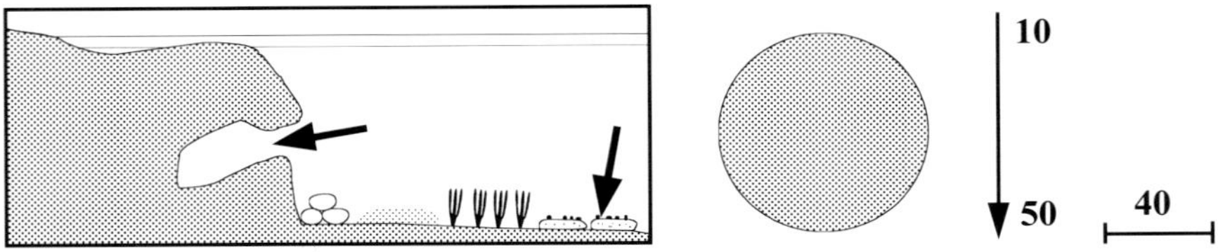

Er besitzt zwei verschieden ausgebildete Scheren; die größere mit stumpfen Zähnen dient zum Knacken von Schalentieren, die andere mit spitzen Zähnen zum Zerkleinern. Durch Kochen wird der dunkle Farbstoff des lebenden Tieres zerstört, so daß nur Rot übrig bleibt.

The common lobster has two different-sized pincers. The larger ones with blunt teeth are used for cracking shelled animals, the other ones with pointed teeth are for crunching their prey. When boiled the dark pigmentation of the lobster is destroyed so that only the red colour remains.

Languste - *Palinurus elephas* - Spiny Lobster

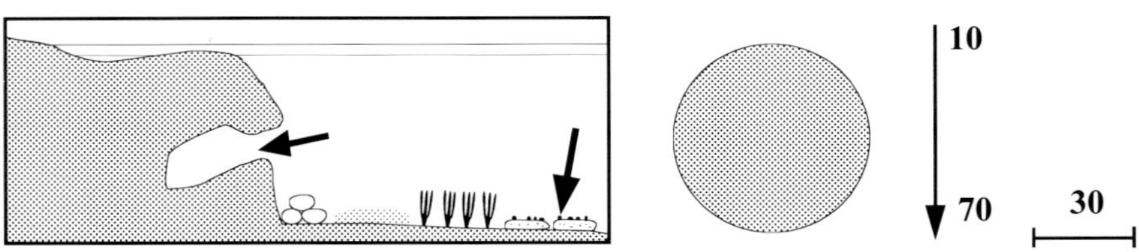

Sie wird gleich groß wie der Hummer, unterscheidet sich von diesem aber durch das Fehlen von Scheren. Ihre mehr als körperlangen Fühler verwendet sie als Abwehrwaffen, und außerdem können scharfe Fortsätze an ihrem Hinterleib gefährliche Wunden schlagen.

The spiny lobster reaches the same size as the common lobster but lack its pincers. Its weapons are two whip-like antennae that are longer than its body, and sharp teeth on its abdomen that inflict deep wounds.

Hummer – *Homarus gammarus* – Common Lobster

Languste – *Palinurus elephas* – Spiny Lobster

Großer Bärenkrebs - *Scyllarides latus* - Spanish Lobster

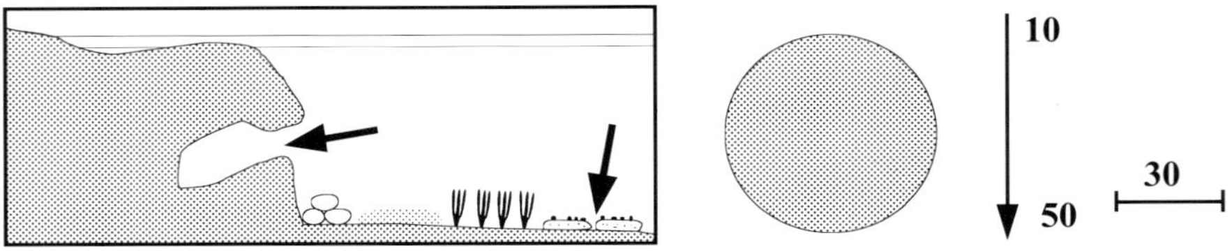

Die Fühler, die bei Krebsen als Antennen bezeichnet werden, sind zu breiten Platten verwachsen, die der Abwehr dienen. Im Gegensatz zu fast allen anderen Großkrebsen besitzen sie keine Scheren. Nur das letzte Beinpaar beim weiblichen Tier hat kleine Zangen.

The antennae of this large lobster have grown into broad plates that are used for defence. In contrast to most other large crustaceans it does not have claws. Only the rear pair of legs of the female bears small pincers.

Maulwurfskrebs - *Upogebia pusilla* - Burrowing Shrimp

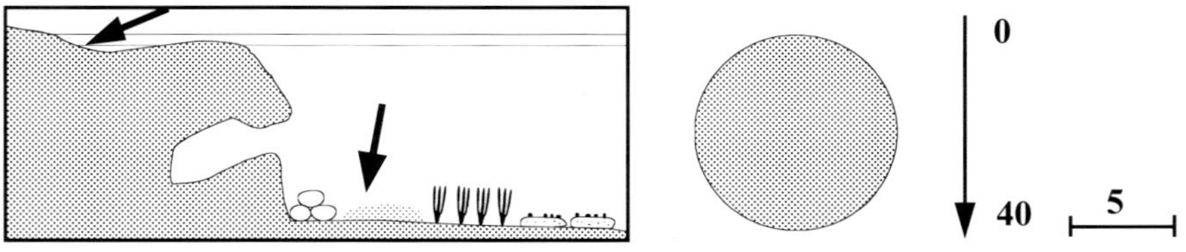

Er lauert meist am Eingang seines Ganges, den er in den weichen Schlickboden gegraben hat. In Lagunen kommt er oft in so großen Mengen vor, daß er bei Niedrigwasser von den Fischern mit Spaten herausgestochen und als Köder verwendet wird.

It can usually be seen at the entrance of a burrow which it has dug into the muddy bottom. In lagoons they sometimes occur in such quantities that fishermen dig them up at low tide and use them as bait.

Großer Bärenkrebs – *Scyllarides latus* – Spanish Lobster

Maulwurfskrebs – *Upogebia pusilla* – Burrowing Shrimp

Furchen-, Porzellan- und Einsiedlerkrebse – Squat Lobsters, Porcelain Crabs and Hermit Crabs

Krebstiere mit einem weichen verkürzten Hinterleib; das erste Laufbeinpaar trägt große Scheren, welche oft auf einer Körperseite stärker entwickelt sind. Das fünfte Laufbeinpaar ist zu Stummeln reduziert. Die Einsiedlerkrebse bewohnen leere Schneckenhäuser, die sie auch herumtragen, wodurch das nackte Hinterteil geschützt wird. Während der Jugendentwicklung müssen die „Wohnungen" öfter gewechselt werden, da die Schneckenhäuser nicht mitwachsen. Furchen- und Porzellankrebse bewohnen keine Schneckenhäuser. Ihr Hinterleib ist zum Bauch hin umgeschlagen.

These crabs live in empty shells which they carry around with them to protect their soft naked "tails". The fifth pair of walking legs are reduced to short appendages, whilst the first pair carries strong claws. Usually one of the claws is particularly enlarged to block the opening of the shell when the crab backs into it. During their growing period they have to change their "houses" frequently. Squat lobsters and porcelain crabs do not use shells. Their abdomen is bent to the ventral side.

Furchenkrebs - *Munida rugosa* - Squat Lobster

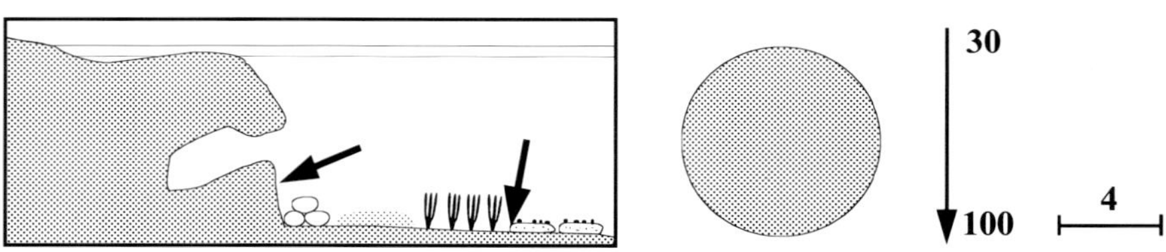

Sein Schwanz ist nach unten eingeschlagen und wird nur zum Rückwärtsschwimmen ausgeklappt. Er bevorzugt kleine Höhlen mit schlammigem Grund, aus denen er zur Verteidigung drohend seine geöffneten Scheren streckt.

This lobster's abdomen is flexed ventrally and is only opened out when swimming backwards. It prefers small caves with muddy bottoms out of which it stretches its opened claws in warning.

Anomura

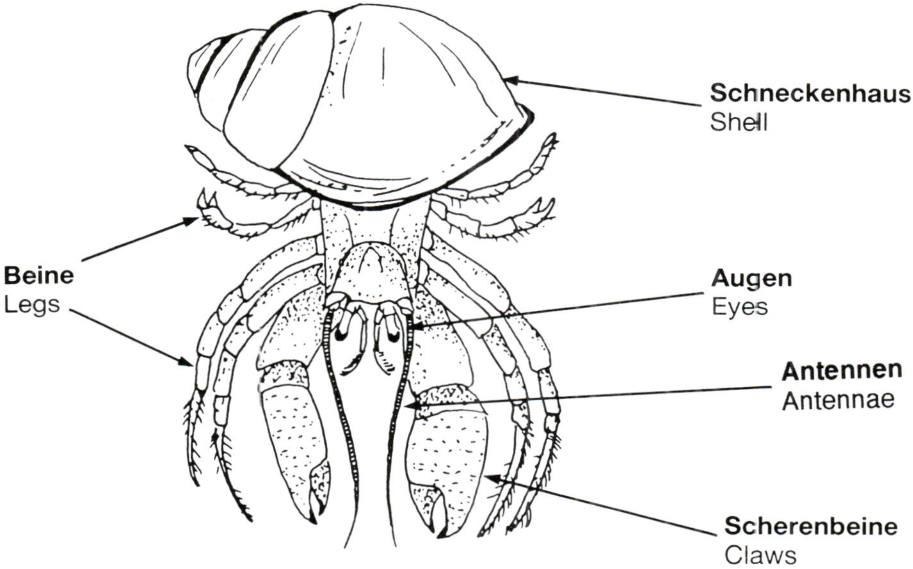

Furchenkrebs – *Munida rugosa* – Squat Lobster

Grauer Porzellankrebs - *Porcellana platycheles* - Broad-Clawed Porcelain Crab

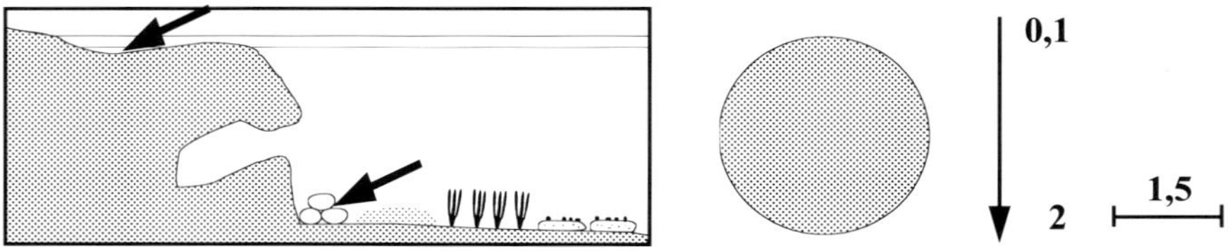

Im seichten Blockgrund ist er unter fast jedem Stein zu finden, wo er sich flach anpreßt und durch seine Färbung ausgezeichnet getarnt ist. Die breiten Scheren sind durch dichtstehende Borsten noch weiter verbreitert.

On shallow block ground this crab can be found under nearly every stone, pressing its flattened, well camouflaged body to the substratum. Its wide claws are broadened by thick bristles.

Langarmiger Porzellankrebs - *Pisidia sp.* - Long-Clawed Porcelain Crab

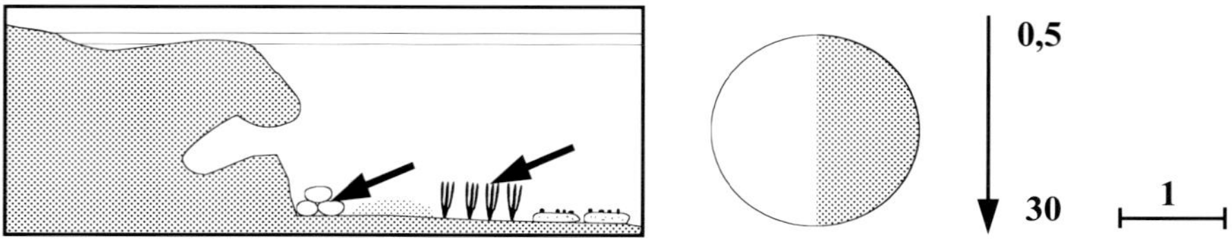

Er kommt ebenso häufig wie der Graue Porzellankrebs unter Steinen vor, ist aber unbehaart und hat lange, schmale Scheren. Mit seinen großen, fächerartigen Mundwerkzeugen strudelt er Plankton als Nahrung herbei.

The long-clawed porcelain crab can be found as frequently as its broad-clawed relative under stones. Its long and slender claws are bald. It is a filter feeder and catches plankton with its large fan-shaped mouth.

Grauer Porzellankrebs – *Porcellana platycheles* – Broad-Clawed Porcelain Crab

Langarmiger Porzellankrebs – *Pisidia sp.* – Long-Clawed Porcelain Crab

Einsiedlerkrebse - Paguridea - Hermit Crabs

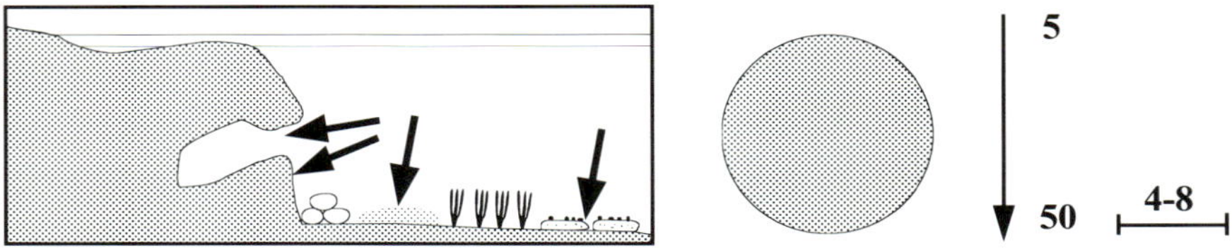

Der weiche Hinterleib dieser Krebse ist nicht durch einen festen Panzer geschützt und wird deshalb in ein Schneckenhaus gesteckt, in dem sie sich mit dem zu einem Greifhaken umgebildeten Schwanzende festhalten. Mit zunehmender Körpergröße müssen sich die Krebse immer wieder größere Gehäuse suchen. Als zusätzlichen Schutz besetzen manche Arten ihr Haus noch mit Anemonen (Seite 66).

The soft abdomen of these crustaceans is not protected by a hard shell; instead they slip into empty gastropod shells, fastening on with their hookshaped tails. As they grow they seek larger shells to inhabit. For additional protection some species carry sea anemones attached to their shells (page 66).

Anemonen-Einsiedler - *Pagurus prideaux* – Anemone Hermit Crab

Roter Einsiedler – *Dardanus calidus* – Red Hermit Crab

Behaarter Einsiedler – *Pagurus cuanensis* Hairy Hermit Crab

Augenfleck-Einsiedler - *Paguristes eremita* - Eye-Spot Hermit Crab

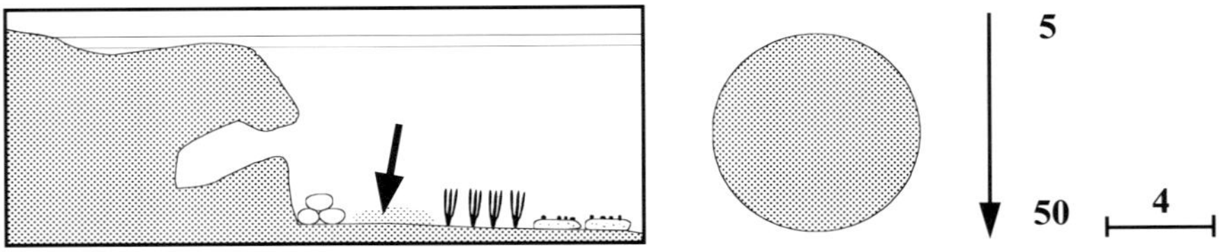

Die Art ist durch einen Augenfleck an den Innenseiten beider Scherenbeine gekennzeichnet. Besonders häufig ist sie auf den Schlammböden der nördlichen Adria zu finden, wo sie ihr Gehäuse gerne mit Anemonen, aber auch mit Schwämmen besetzt.

This species is characterized by an eye-spot on the inner side of each claw. It is particulary common on muddy ground in the northern Adriatic; its shell is often overgrown with sea anemones or sponges.

Bunter Einsiedler - *Calcinus tubularis* - Colouful Hermit Crab

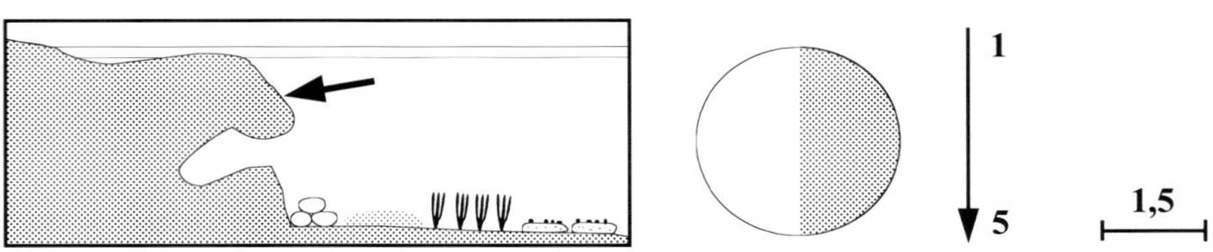

Dieser Einsiedlerkrebs bewohnt im Gegensatz zu den anderen Arten nicht nur Schneckenhäuser, sondern auch festgewachsene Kalkröhren von Röhrenwürmern (Seite 184) und Wurmschnecken (Seite 76).

This hermit crab does not only live in the empty shells of snails like the other species but also enter the calcareous tubes of worms (page 184) or worm shells (page 76) attached to the substratum.

Augenfleck-Einsiedler – *Paguristes eremita* – Eye-Spot Hermit Crab

Bunter Einsiedler – *Calcinus tubularis* – Colourful Hermit Crab

KRABBEN - BRACHYURA (DECAPODA) - CRABS

Krebstiere mit stark verkümmertem Hinterleib, der fest unter den Vorderkörper geschlagen ist. Der rundliche oder rechteckige flache Körper ist gewöhnlich breiter als lang, und das erste Laufbeinpaar trägt große Scheren. Die Antennen sind reduziert. Bei Störung rennen sie seitwärts davon. Einige Arten können schwimmen.

These crustaceans have a greatly reduced abdomen which is folded tightly under the thorax. The rounded or squarish body is flattened and usually wider than long. The antennae are often very small and the first pair of walking legs are well developed with strong claws. Some crabs flee by running with the typical sideways action, others have the hind legs flattened enabeling them to swim strongly.
(Schmid et al. 1990:98)

Mittelmeer-Strandkrabbe - *Carcinus aestuarii* - Common Shore Crab

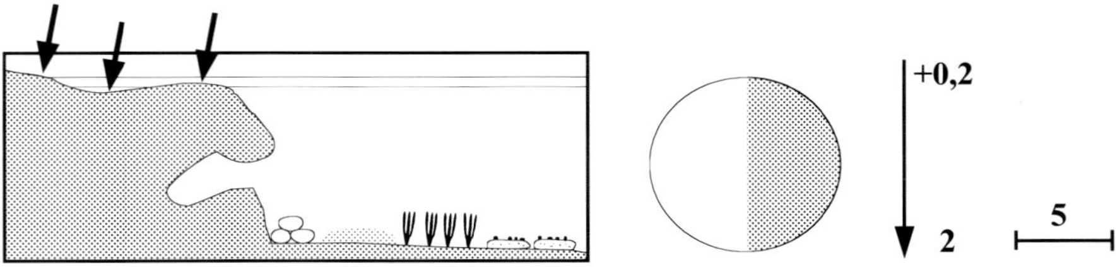

Die Strandkrabbe ist gut an ihrem rundlichen Panzer, dessen vordere Seitenränder gezähnt sind, und an dem letzten Beinpaar, das schmale Schwimmfächer trägt, zu erkennen. Sie ist äußerst robust und verträgt auch Wasser stark schwankender Salinität und schlechterer Qualität. Man findet sie daher in Häfen und in Lagunen mit verschmutztem oder stark salzhaltigem Wasser sowie in Brackwasser.

The common shore crab can easily be recognized by its round carapace with toothed lateral parts, and by small swimming paddles on its hind legs. It is a robust crab which can adapt to varying water conditions. It can therefore be found in harbours and lagoons with polluted, brackish or hypersaline water.

BRACHYURA

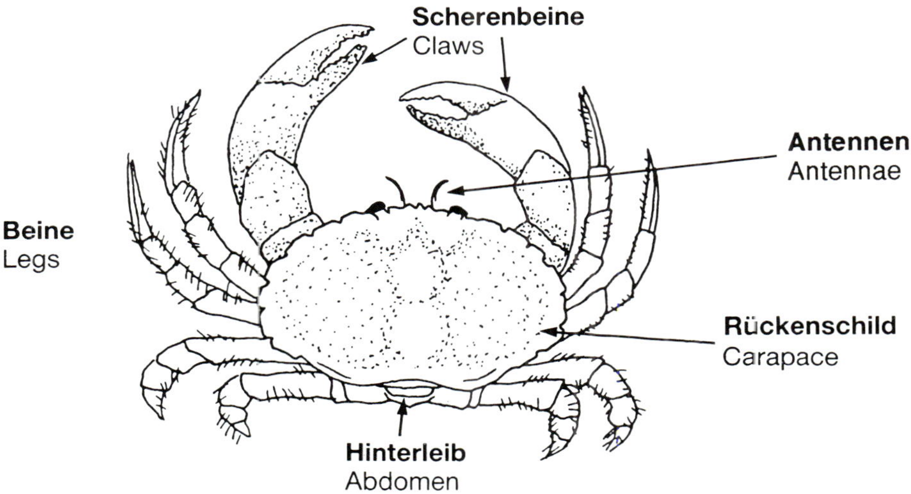

Mittelmeer-Strandkrabbe – *Carcinus aestuari* – Common Shore Crab

Rennkrabbe - *Pachygrapsus marmoratus* - Rock Crab

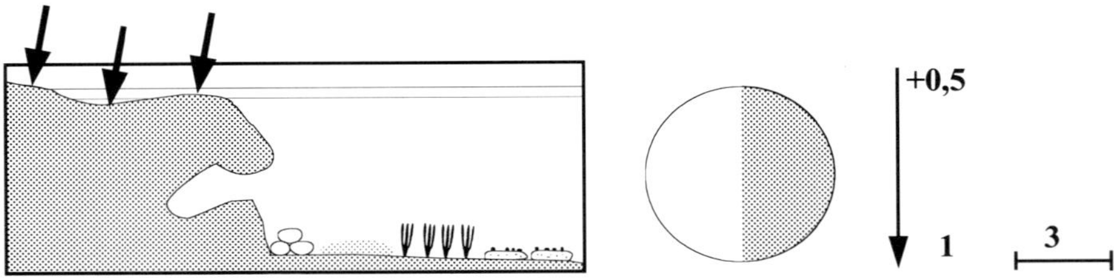

Die Rennkrabbe besitzt einen nahezu quadratischen Körper und eine marmorierte Färbung. Sie kann einige Zeit ohne Wasser auskommen und ist daher häufig auf Felsen über der Wasserlinie anzutreffen. Sie sieht sehr gut und flüchtet bei Gefahr mit großer Geschwindigkeit in Felsspalten oder ins Meer.

The carapace of the rock crab is square and has a marbled coloring. The crab is able to stay out of the water for some time and therefore can be seen climbing around on rocks above the water surface. It can spot possible danger from some distance and flees with high speed into crevices or into the sea.

Italienischer Taschenkrebs - *Eriphia verrucosa* - Warty Crab

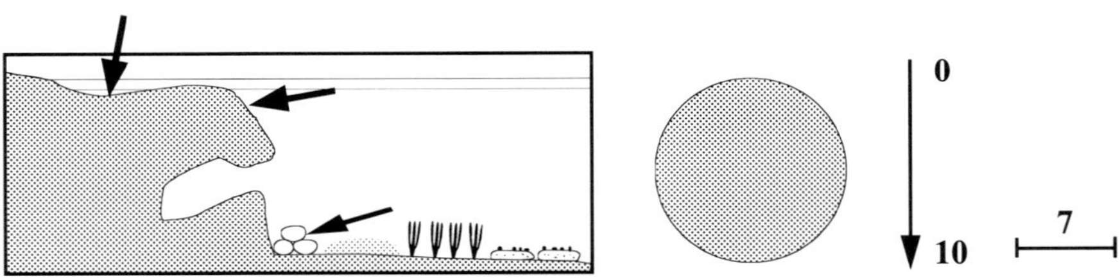

Der Italienische Taschenkrebs ist wesentlich kräftiger gebaut als die beiden vorgenannten Arten und besitzt äußerst massive Scheren. Er ist an der stacheligen Stirn (daher auch „Stirnstachelkrabbe") und der dichten gelben Behaarung gut zu erkennen. Er bevorzugt enge Spalten im Flachwasser und geht in der Abenddämmerung auf Nahrungssuche.

The warty crab is more heavily built than the two species mentioned previously and has large strong claws. It can easily be recognized by its spiny front and its dense covering of yellow hairs. It prefers narrow crevices in shallow water which it leaves at dusk in search of prey.

Rennkrabbe – *Pachygrapsus marmoratus* – Rock Crab

Italienischer Taschenkrebs – *Eriphia verrucosa* – Warty Crab

Höhlenseespinne - *Herbstia condyliata* - Cave Spider-Crab

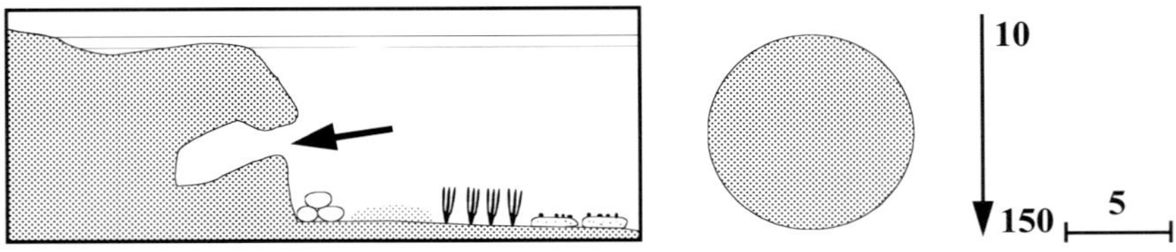

Sie ist meist nur aus tieferen Höhlen und dem Tiefwasser bekannt. Auffallend sind die abgeflachten Spitzen der Scheren. Über die Biologie dieser Art ist bisher noch nichts bekannt.

This crab is mainly found in deep caves and the deeper waters. The flattened tips of the claws are a notable feature. Up to now nothing is known about the biology of this species.

Steinkrabbe - *Xantho poressa* - Stone Crab

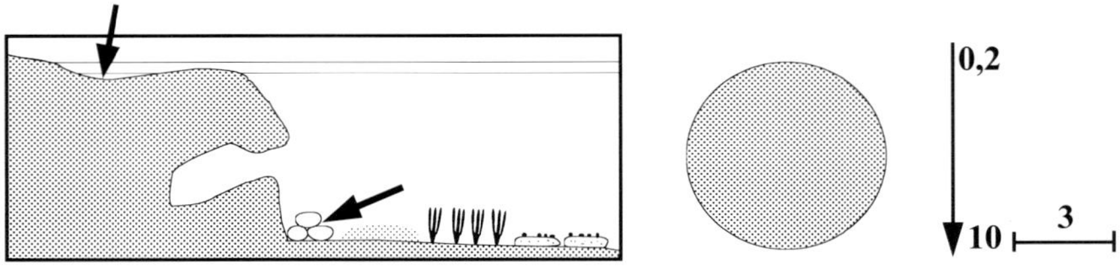

Sie besitzt einen sehr breiten ovalen Körper und kräftige Scheren mit schwarzen Enden. Tagsüber versteckt sie sich im Blockfeld unter Steinen, die sie in der Dämmerung und nachts zur Nahrungssuche verläßt.

The stone crab has a broad oval body and powerful claws with black tips. During the day it hides under stones from where it emerges at dusk and during the night to search for prey.

Höhlenseespinne - *Herbstia condyliata* - Cave Spider-Crab

Steinkrabbe - *Xantho poressa* - Stone Crab

Kleine Seespinne - *Maia crispata* - Spiny Spider Crab

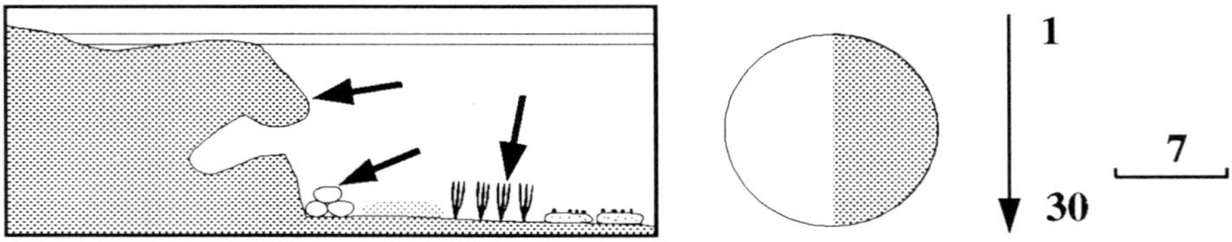

Der dreieckige Körper dieser Krabbe ist mit seitlichen Stacheln bewehrt und trägt kleine hakenförmige Haare, die zum Festheften von Algenstücken dienen. Bei Gefahr preßt sie sich an den Boden und ist dadurch kaum von der Umgebung zu unterscheiden.

The triangular body of this crab is armed with lateral spines and has hooked hairs on its back to stick pieces of algae onto. When in danger it presses its body to the ground and is so well camouflaged that it can hardly be distinguished from its surroundings.

Gespensterkrabbe - *Inachus phalangium* - Spider Crab

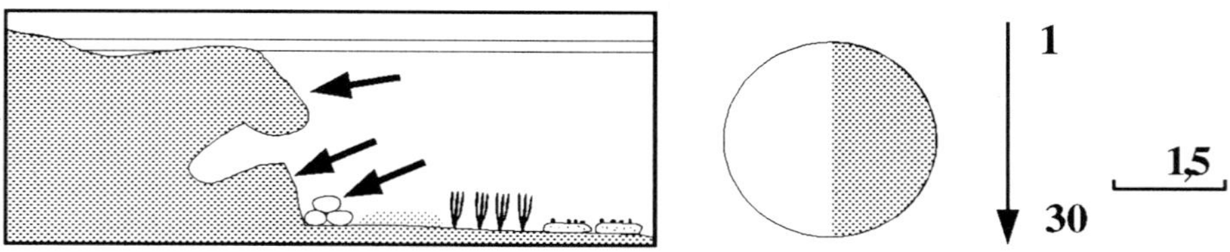

Diese und einige ähnliche Arten haben lange dünne Beine und einen kleinen dreieckigen Körper, der meist mit Algen bewachsen ist. Meist leben sie in Gemeinschaft mit der Wachsrose (Seite 58) aber auch der Goldrose (Seite 62) und der Grabenden Anemone (Seite 64), vor deren Nesselgift sie geschützt sind.

This and some similar species have long thin legs and a small triangular body which is covered with algae. Usually they live in association with the opelet (page 58) but also with the golden anemone (page 62) and the burrowing anemone (page 64), well protected from their stinging cells.

Kleine Seespinne – *Maia crispata* – Spiny Spider Crab

Gespensterkrabbe – *Inachus phalangium* – Spider Crab

WEITERE KREBSTIERARTEN

Fangschreckenkrebs - *Squilla mantis* - Mantis Shrimp

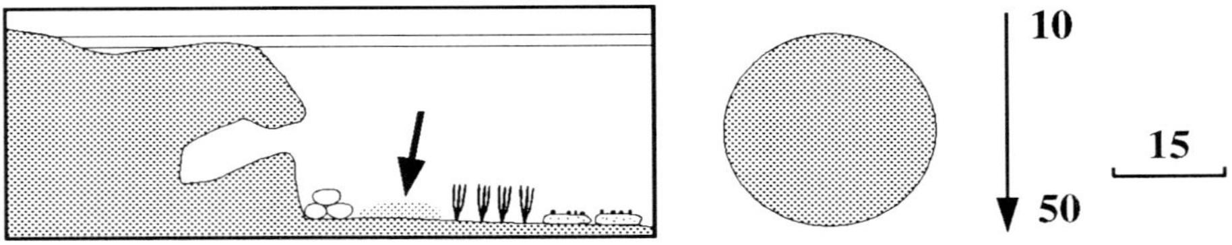

Diese Art baut im Schlammboden U-förmige Röhren, in die sie sich bei Gefahr zurückzieht. Mit den großen, nierenförmigen Komplexaugen kann sie einen Blickwinkel von 360° erfassen. Die Mundwerkzeuge sind zu kräftigen Fangapparaten umgebildet, die beim Beutefang mit großer Geschwindigkeit vorgeschnellt werden.

This species digs a U-shaped hole into muddy bottoms into which it retreats when in danger. Its kidney-shaped complex eyes have a range of vision of 360°. Its powerful claws, normally kept folded beneath the front of its body, can be extended very swiftly to catch prey.

Schwebgarnele - *Leptomysis lingvura* - Opossum Shrimp

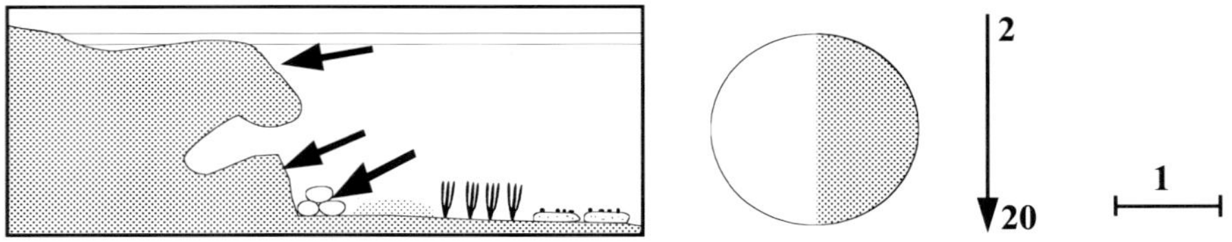

Die nur etwa 15 mm langen Garnelen schweben in Schwärmen bis zu mehreren Hundert über Felsspalten oder auch über den Tentakeln der Wachsrose (Seite 58), gegen deren Nesselgift sie aber nicht geschützt sind.

This small shrimp is only about 15 mm in length and hovers in large swarms of several hundreds over crevices or above the tentacles of the opelet (page 58); it is however not protected against its stinging cells.

Fangschreckenkrebs - *Squilla mantis* - Mantis Shrimp

Schwebgarnele - *Leptomysis lingvura* - Opossum Shrimp

Fischassel - *Anilocra physodes* - Fish Louse

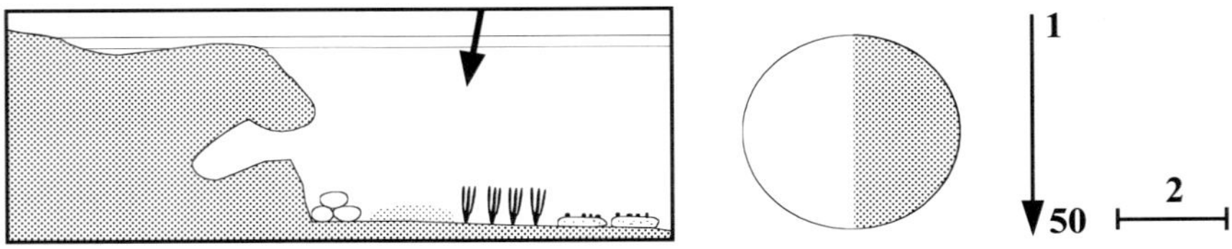

Dieser Parasit (Ord. Isopoda) klammert sich mit spitzen Krallen an Fischen fest und bohrt diese mit den stechenden Mundwerkzeugen an. Dabei kommt es oft zu äußeren Gewebsschäden. Parasiten töten ihren Wirt nicht - außer bei Massenbefall - schwächen ihn aber, so daß er anfälliger gegenüber Krankheiten wird.

This parasite (order isopoda) fastens on to fish with its pointed claws and drills holes into their bodies, damaging the outer tissue of the fish in the process. Unless they invade in masses parasites do not kill their hosts, but they do weaken them so that they become susceptible to diseases.

Klippenassel - *Ligia italica* - Sea-Slater

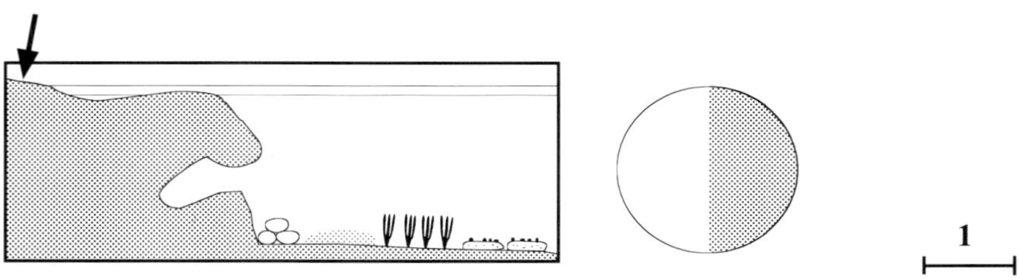

Obwohl es Kiemen besitzt, ist dieses Krebstier (Ord. Isopoda) zu einem Landbewohner geworden, der scharenweise an Felsen und Ufermauern über der Wasserlinie umherklettert; nur während der heißen Mittagsstunden zieht sich diese Assel in Spalten zurück. Bei Gefahr flüchtet sie blitzschnell in das nächste Versteck oder in das Wasser.

Although it breathers through gills this crustacean (order isopoda) has become a land dweller that climbs on shore walls above the waterline in large numbers. Only at noon on hot summer days does it hide in crevices. When in danger it escapes as quick as lightning into the nearest hiding-place or into the water.

Fischassel - *Anilocra physodes* - Fish Louse

Klippenassel - *Ligia italica* - Sea-Slater

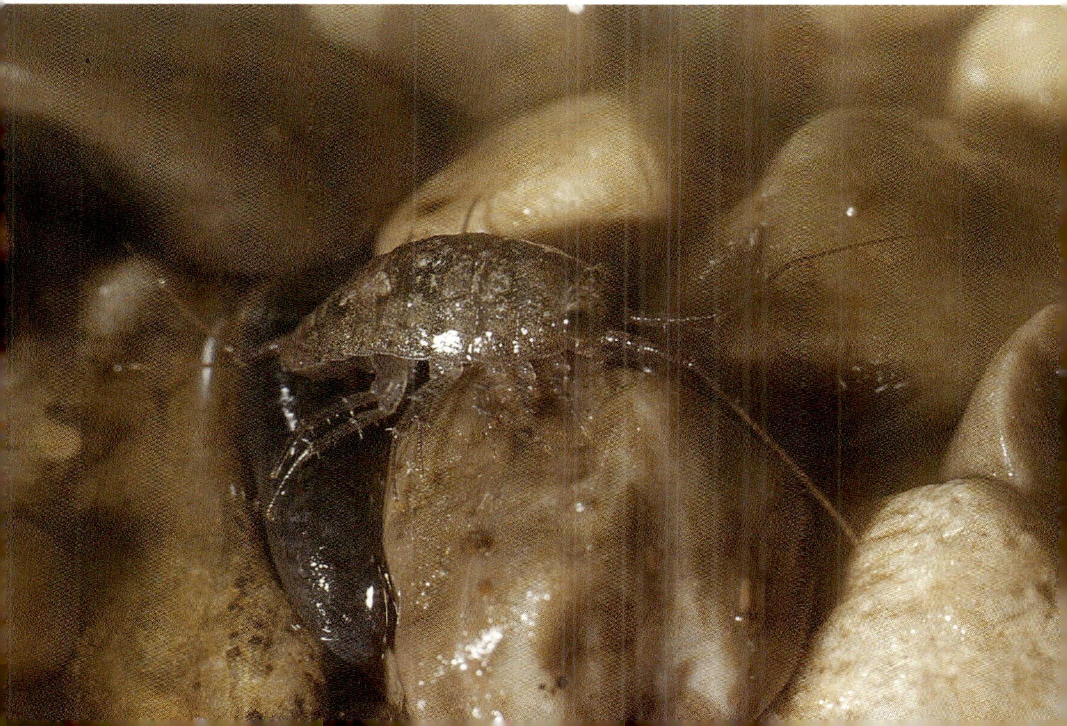

FEDERSTERNE - CRINOIDEA - FEATHERS STARS

Sie besitzen ein Vielfaches von fünf Federarmen, gewöhnlich zehn oder zwanzig, die an einem winzigen, diskusförmigen Körper angewachsen sind. Zur Fortbewegung dient eine Anzahl gliedreicher Füßchen (Cirri). Sie schlafen tagsüber zusammengerollt unter Gesteinen oder in Schwämmen. Nachts wandern sie zu einem Freßplatz und fangen mit ihren Armen Plankton.

These beautiful relatives of the starfish have feathery arms in multiples of five, radiating from a tiny central disk. They move and hold on with silk-like feet called cirri. In the daytime they hide curled up between hard substrates or sponges where they can hardly be seen, but at night they unfold to resemble beautiful flowers. They catch plankton.
(Schmid et al. 1990:128)

Mittelmeer-Haarstern - *Antedon mediterranea* - Mediterranean Feather Star

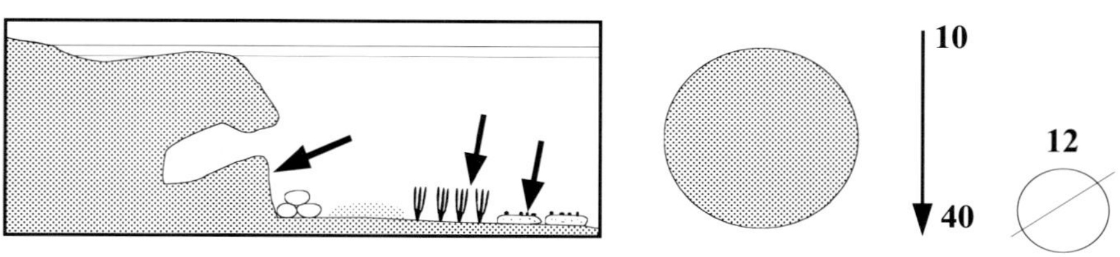

Dieser Planktonfänger ist als Jungtier festgewachsen und erst später frei beweglich. Er klammert sich mit Hilfe von Beinen (Cirren) bevorzugt auf erhöhten Stellen fest. Durch wechselseitiges Auf- und Abwärtsschlagen seiner zehn Arme kann er auch schwimmen.

When young this plankton-catching animal is attached to the substratum, but the adults can move freely around. It uses its feet (cirri) to hold on to higher parts of the ground and is able to swim by beating its ten arms up and down.

CRINOIDEA

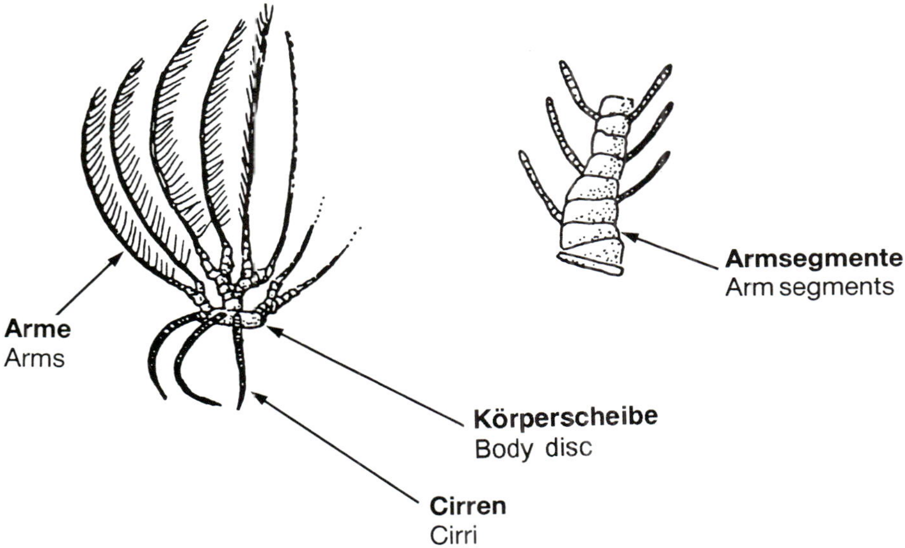

Mittelmeer-Haarstern - *Antedon mediterranea* - Mediterranean Feather Star

SEESTERNE - ASTEROIDEA - SEASTARS, STARFISH

Seesterne besitzen in der Regel fünf Arme, wenige Arten haben mehr. Die Mundseite ist dem Boden zugekehrt. Hunderte von Saugfüßchen besetzen in Ambulakralrinnen die Unterseite der Arme. Diese Saugfüßchen sind Bestandteile des Ambulakralsystems, das sich von der Madreporenplatte auf der Oberseite über den sogenannten Steinkanal in den Ringkanal erstreckt, von dem aus die Radiärkanäle in die einzelnen Arme und von dort in die Saugfüßchen münden. Dieses Grundprinzip funktioniert auf einem Zusammenspiel von Muskelsystemen und hydraulischer Arbeit. Jedes Saugfüßchen besteht aus einem wechselwirksamen Drucksystem, in dem je ein Saugfüßchen und eine Vorratsampulle korrespondieren. Wenn sich bestimmte Muskeln zusammenziehen, wird die Ampulle zusammengepreßt, so daß die Flüssigkeit die Saugfüßchen auffüllt und streckt. Mit dieser Kombination von Muskelarbeit und Hydraulikeinsatz besitzen die Seesterne eine zwar langsame aber äußerst präzise Fortbewegungsmöglichkeit. Sie können sogar lebendige Beute fangen und mit den Saugfüßchen dem Mund zuführen. Die Saugkraft, die die Seesterne mit ihren Füßchen ausüben können, ist so groß, daß sie durch einen kontinuierlichen Zug sogar die starken Schließmuskeln von Muscheln überwinden. Dabei reichen ihnen nur wenige Millimeter um in den Öffnungsspalt ihren Magen zur Verdauung auszustülpen.

Starfish usually have five stiff arms, a few species have more. Their mouth faces the ground. There are hundreds of tube feet with suction pads in grooves on the undersides of the arms. These tube feet belong to a special water vascular system which runs from the madreporite through the stone canal to a ring canal, from there through the radial canals, and finally to individual tube feet. This unique system operates through a combination of muscles and hydraulic pressure. Each tube foot consists of a hollow, muscular structure attached to a corresponding balloonlike fluid reservoir called an ampulla. When special muscles contract, the ampulla is deflated and the fluid inside stretches the tube foot. Though by using this water vascular system, involving these hundreds of tube feet, sea stars can move slow, but very precise and well coordinated. They even can capture live prey and manipulate it into the mouth. The suction pads are so strong that the starfish can even open mussels by excerting a strong and continous pulling. The sea star needs to force open the bivalve shells only a few millimeters; it then extrudes its stomach into the opening and digests the bivalve externally.

ASTEROIDEA

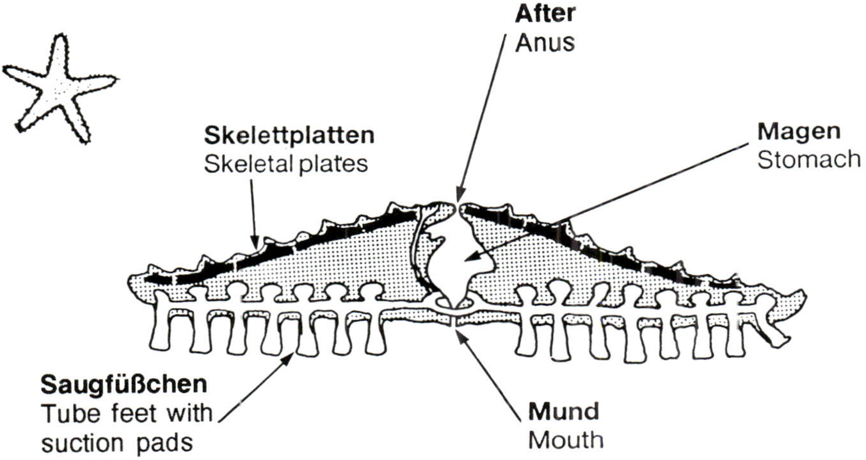

Saugfüßchen – Tube feet

Gänsefuß-Seestern - *Anseropoda placenta* - Goose-Foot Starfish

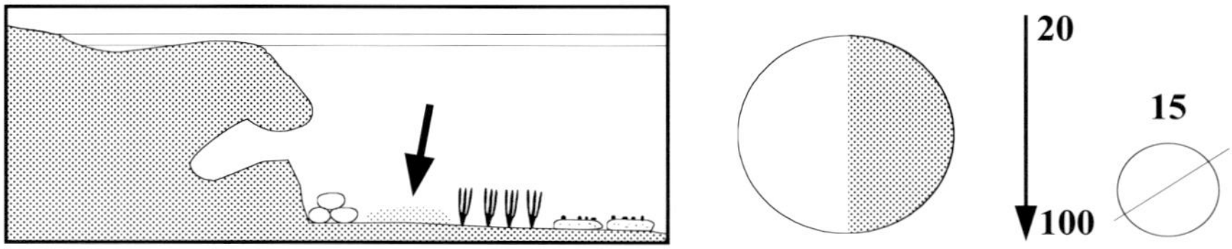

Der Gänsefuß-Seestern ist leicht zu erkennen, da er extrem abgeflacht ist. Er bewohnt die Oberfläche weicher Schlammböden, in die er aufgrund seiner Körperform nicht einsinken kann. An der Oberseite erkennt man fünf von der Mitte ausgehende Rippen, an der Unterseite (Foto) die fünf Rinnen des Ambulakralgefäßsystemes.

This species is easy to recognize because it is extremely flat. It lives on the surface of muddy bottoms into which it cannot sink because of the shape of its body. On its upper side it has five ribs radiating from the middle, on its underside (photo) one can see the five grooves of the ambulacral system.

Siebenarmiger Großplatten-Seestern - *Luidia ciliaris* - Seven-Rayed Starfish

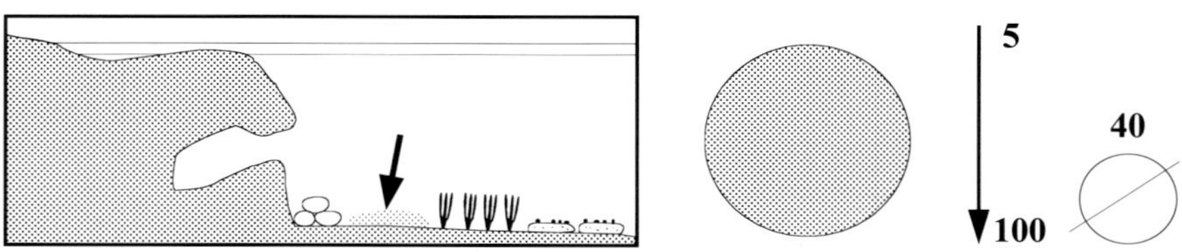

Die sieben Arme tragen seitliche Stacheln und sind bis knapp vor die Spitzen gleichmäßig breit. Teile der Arme brechen leicht ab, regenerieren aber schnell wieder und sind dann dunkler gefärbt. Entsprechend nur mit fünf Armen: Luidia Sarsi (Fünfarmiger Großplatten-Seestern)

The seven arms of this species are armed with lateral spines and remain the same width until just short of the tips. Parts of the arms tear off easily but grow again quickly in a somewhat deeper colour. Similar but only with five arms: Luidia Sarsi (Five-rayed starfish)

Gänsefuß-Seestern – *Anseropoda placenta* – Goose-Foot Star

Siebenarmiger Großplatten-Seestern – *Luidia ciliaris* – Seven-Rayed Starfish

Roter Kamm-Seestern - *Astropecten aranciacus* - Red Comb Starfish

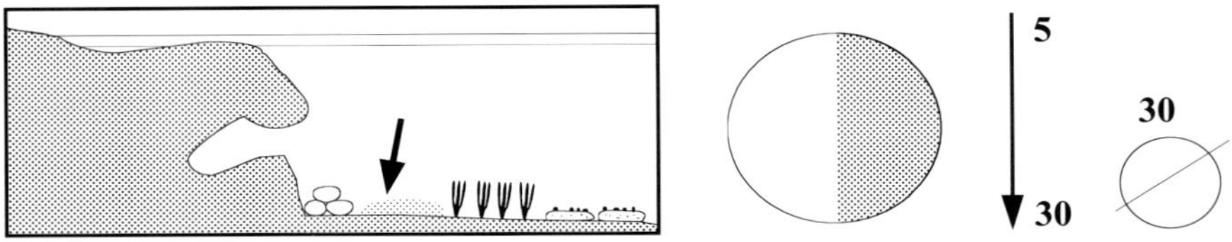

Die fünf Arme laufen gleichmäßig spitz zusammen und tragen seitlich kammartige Stacheln. Die Oberseite ist von zahlreichen schirmförmigen Stacheln, den Paxillen, bedeckt (Insert). In den Ambulakralrinnen an der Unterseite findet man manchmal Borstenwürmer zwischen den Füßchen.

Its five arms have lateral spines and taper to the tips. The upper side is covered with umbrella-shaped spines (paxillae, inset). Sometimes rag worms can be found between the tube feet in the ambulacra on its underside.

Brauner Kamm-Seestern - *Astropecten bispinosus* - Brown Comb Starfish

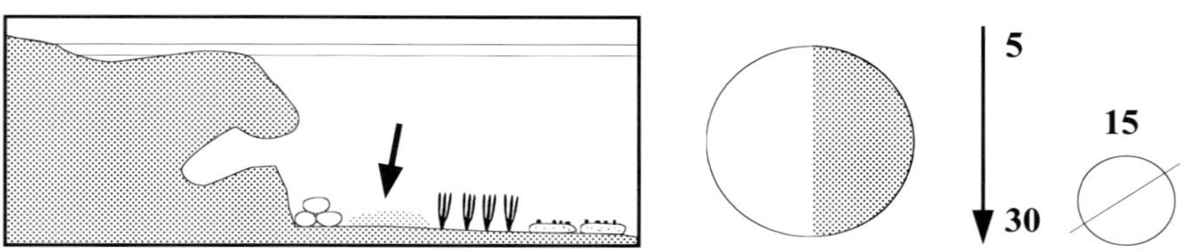

Vom Roten Kamm-Seestern unterscheidet er sich durch die Färbung und die schmaleren Arme. Wie fast alle Kamm-Seesterne hat er statt Saugfüßchen spitz zulaufende Stelzfüßchen, die ihm ein Dahingleiten am Weichboden ermöglichen. Während des Tages ist er oft im Sand eingegraben.

It can easily be distinguished from the red comb starfish by its colour and its thinner arms. Like all comb starfish its tube feet have pointed tips instead of suction pads, which enable it to glide quickly over soft bottoms. During the day they often lie buried in the sand.

Roter Kamm-Seestern – *Astropecten aranciacus* – Red Comb Starfish

Brauner Kamm-Seestern – *Astropecten bispinosus* – Brown Comb Starfish

Eisseestern - *Marthasteris glacialis* - Spiny Starfish

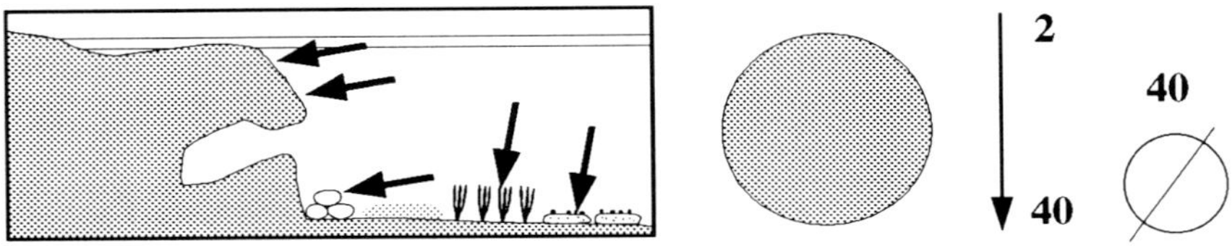

Er ist ein arger Räuber, der in Muschelbänken großen Schaden anrichtet und sogar Seeigel frißt. Größere Beutetiere werden durch Ausstülpen des Magens außerhalb des Körpers verdaut. Die Stacheln der Oberseite sind von gestielten Greifzangen umgeben (Insert).

This is a voracious predator that damages mussel banks and even feeds on sea urchins. Large prey is consumed by covering it with the everted stomach and digesting it outside the body. The spines on the upper surface are surrounded by stalked pedicellaria (inset).

Blauer oder Dornenseestern - *Coscinasterias tenuispina* - Blue Spiny Starfish

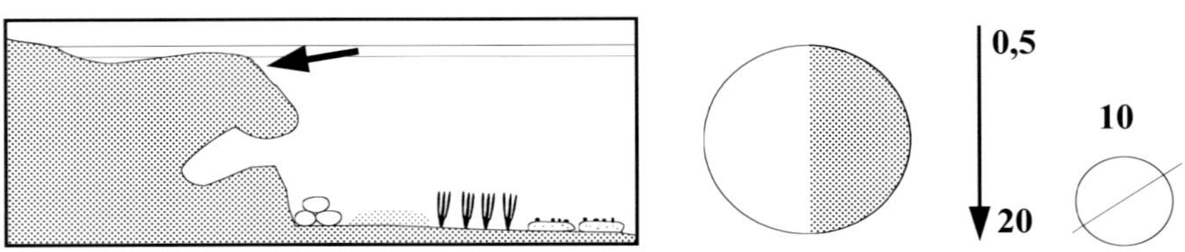

Er ähnelt dem Eisseestern, ist jedoch kleiner als dieser. Die unterschiedliche Anzahl der Arme (4 bis 10) wird durch Teilungen nach Verletzungen und verschieden schnelles Nachwachsen neuer Arme verursacht.

The blue spiny starfish is similar to the spiny starfish but smaller. The varying number of arms (4 to 10) is caused by division after injuries and the irregular regeneration of new arms.

Eisstern – *Marthasteris glacialis* – Spiny Starfish

Blauer Seestern – *Coscinasterias tenuispina* – Blue Spiny Starfish

Purpurstern - *Echinaster sepositus* - Red Starfish

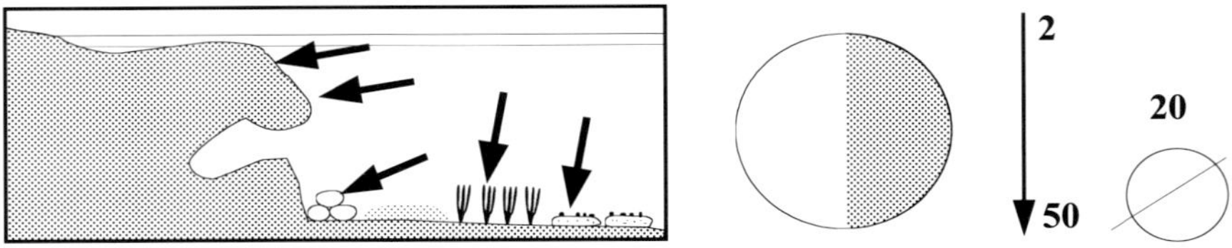

Dieser Seestern, der normalerweise fünf Arme hat, ist aufgrund seiner auffälligen Färbung leicht zu sehen. In vielen Gebieten ist er jedoch durch Aufsammeln äußerst selten geworden. Seine rauhe Oberfläche entsteht durch ein netzförmiges Skelett mit kleinen, in der Haut versteckten Stacheln.

This starfish, which normally has five arms, can easily be spotted due to its striking colour. However, it has been collected so extensively that in many areas it is now extremely rare. Its rough surface is caused by a net-like skeleton and by small spines hidden in the skin.

Langarmiger Seestern - *Chaetaster longipes* - Long-Armed Starfish

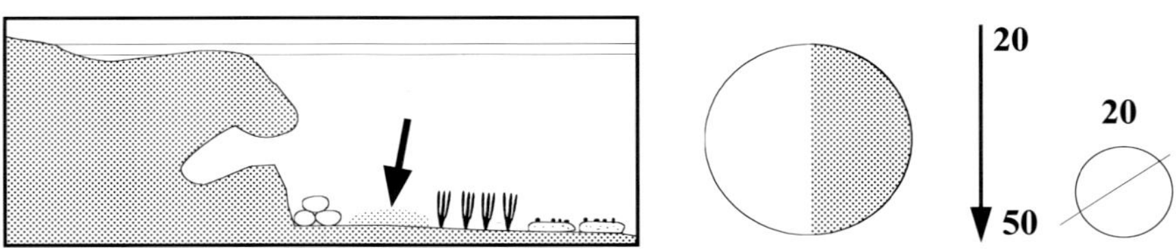

Er ähnelt dem Blutstern, ist aber heller, meist orange, gefärbt und hat doppelt so lange Arme. Er ist wesentlich seltener zu finden und bevorzugt tiefere Regionen.

The long-armed starfish resembles the red starfish but its colour is somewhat lighter, usually orange, and its arms are twice as long. It is much rarer to find and lives in deeper regions.

Purpurstern (= Roter Seestern) – *Echinaster sepositus* – Red Starfish

Langarmiger Seestern – *Chaetaster longipes* – Long-Armed Starfish

Violettroter Seestern - *Ophidiaster ophidianus* - *Purple Starfish*

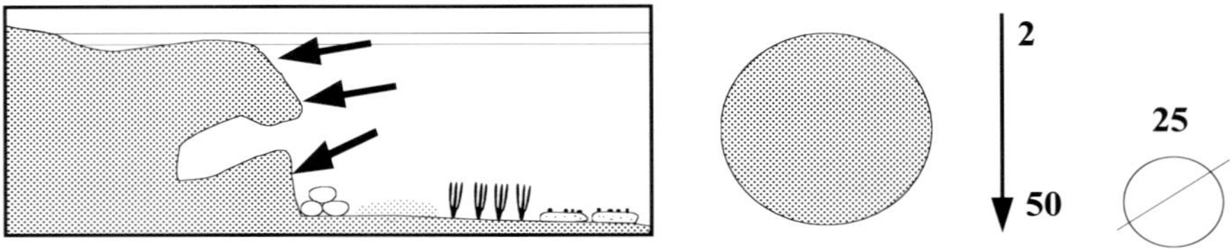

Seine wurstförmigen Arme sind bis knapp vor die Enden gleich dick. Die Färbung ist variabel: entweder einfarbig orange, rot oder purpur oder mit orangem bis rotem Grund und purpurnen Flecken. Er bevorzugt wärmere Teile des Mittelmeers und besitzt ein ausgezeichnetes Regenerationsvermögen (Insert).

Its sausage-like arms remain the same width until just short of the tips. The colour varies, either being orange, red or purple or orange or red with purple patches. It prefers warmer parts of the Mediterranean and has a good regenerative ability (inset).

Kleiner Seestern - *Hacelia attenuata* - Small Starfish

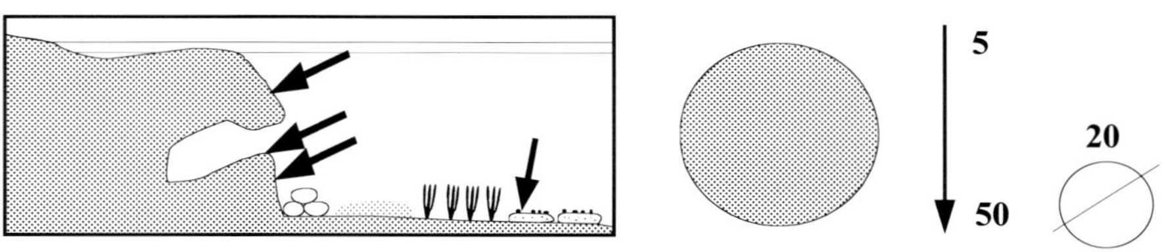

Der Körper ist ähnlich dem Purpurstern von gleichmäßigen Platten bedeckt; die Arme laufen jedoch spitz zusammen. Die Farbe variiert von gelb bis rot, bei hellen Exemplaren kann man sechs Reihen dunklerer Flecken entlang der Arme feststellen.

The body of the small starfish, like that of the purple starfish, is covered by equally formed plates, but its arms taper to pointed tips. The colour varies from yellow to red. In light-coloured specimens six rows of darker spots can be seen along the arms.

Violettroter Seestern – *Ophidiaster ophidianus* – Purple Starfish

Kleiner Seestern – *Hacelia attenuata* – Small Starfish

Fladenstern - *Sphaerodiscus placenta* - Cushion Starfish

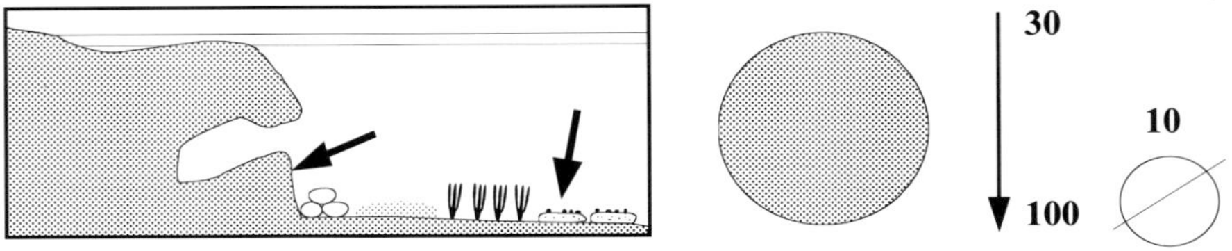

Er bevorzugt tiefes Wasser und ist besonders im östlichen Mittelmeer regelmäßig, aber nicht häufig, meist auf Felsgründen anzutreffen. Er ist gelb bis rot gefärbt.

The cushion starfish prefers deeper water and is regulary found usually on rocky bottoms especially in the eastern Mediterranean. Its colouring varies from yellow to red.

Fünfeckstern - *Asterina gibbosa* - Starlet

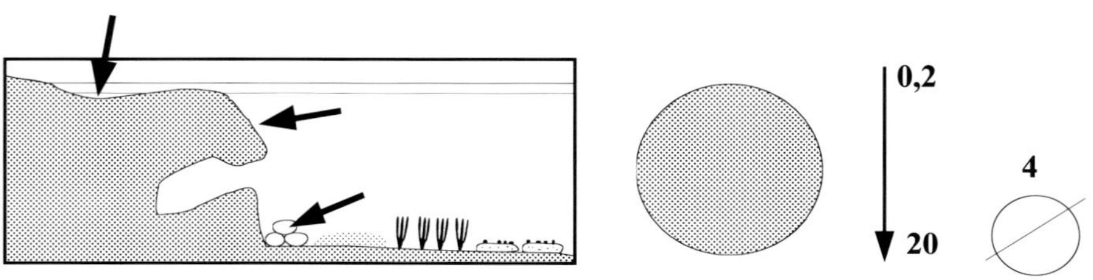

Diese häufige, kleine Art versteckt sich im Blockfeld oder im Seegras. Sie ist sehr anpassungsfähig und kann auch in Lagunen leben. An den Spitzen der kurzen Arme liegen kleine Augen, die Hell und Dunkel wahrnehmen können, allerdings keine Formen.

This abundant small species hides in block ground or in seagrass. It is very adaptable and even able to live in lagoons. At the tips of the short arms are small eyes which cannot distinguish shapes, only light and dark.

Fladenstern – *Sphaerodiscus placenta* – Cushion Starfish

Fünfeckstern – *Asterina gibbosa* – Starlet

SCHLANGENSTERNE - OPHIUROIDEA - BRITTLE-STARS

Schlangensterne haben fünf dünne, peitschenförmige Arme, welche gewöhnlich mit langen, nadelförmigen Stacheln besetzt sind. Sie kriechen oder schwimmen mit schlängelnden Bewegungen. Am Tage leben sie versteckt unter Steinen oder in Felsspalten. Schlangensterne fressen Plankton oder organischen Abfall (Detritus) des Seegrundes beziehungsweise der Wasseroberfläche.

Brittle-stars bear five thin, whip-shaped arms, usually with long needle-like spines. They crawl or swim with a serpentine, sinuous motion. During daytime they live hidden under stones or in crevices. Brittle-stars feed on plankton or organic debris on the sea bottom or the water surface.
(Schmid et al. 1990:132)

Chiajes Schlangenstern - *Amphiura chiajei* - Chiaje's Brittle-Star

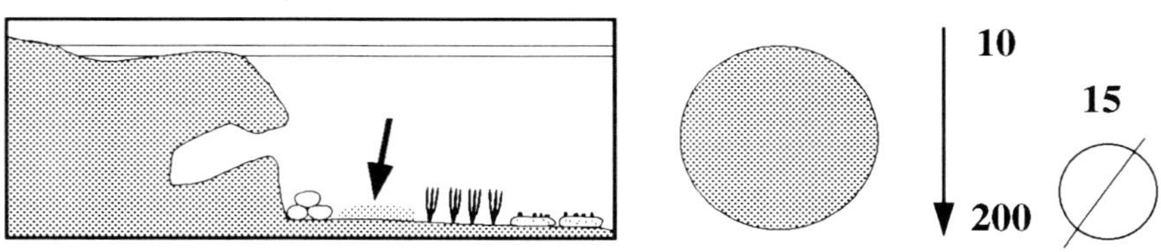

Dieser Schlangenstern ist ein Bewohner von flachen Schlamm- und Lehmböden, an deren Oberfläche er auch tagsüber zu finden ist. Bei der Bestimmung dieser Tiere ist darauf zu achten, daß es mehrere ähnliche Arten gibt.

This brittle-stars lives on flat mud and clay bottoms and can be found on the surface during the day. When identifying these brittle-stars one should bear in mind that there are several similar species.

OPHIURODEA

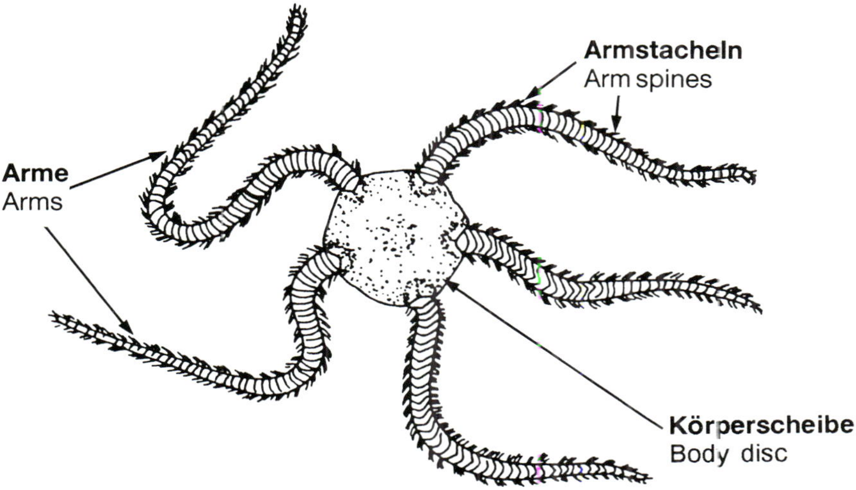

Chiajes Schlangenstern – *Amphiura chiajei* – Chiaje's Brittle-Star

Brauner Schlangenstern - *Ophioderma longicaudum* - Brown Brittle-Star

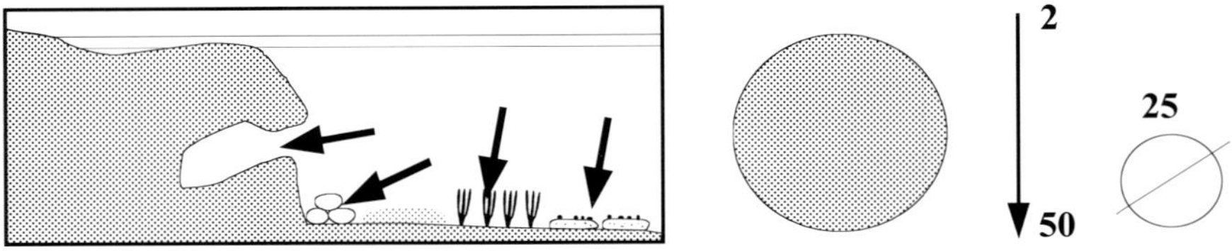

Er ist der größte Schlangenstern, der sich tagsüber versteckt und nachts auf Nahrungssuche geht. Durch Vorschleudern einiger Arme und Nachziehen des Körpers und der anderen Arme kann er sich rasch fortbewegen. Bei Gefahr wirft er Armteile ab, die er jedoch wieder regenerieren kann.

This is the largest brittle-star; it hides during daytime, searching for food at night. It can move quite quickly by throwing some of its arms forwards and pulling its round body and the other arms along behind. When in danger it throws off parts of its arms which however soon regenerate.

Stacheliger Schlangenstern - *Ophiothrix quinquemaculata* - Common Brittle-Star

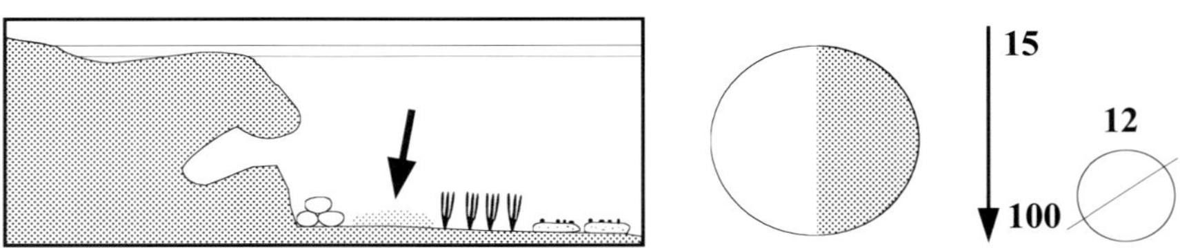

Auf Schlammböden tritt er oft massenhaft auf. Er sitzt dort direkt am Boden oder auf Erhebungen (Steinen, Seegurken, Seescheiden, Schwämmen usw.) und streckt einige Arme senkrecht in die Höhe, um Nahrungspartikel zu fangen. Durch seine vielen Stacheln ist er vor Feinden geschützt.

The common brittle-star can frequently be found on muddy bottoms where it sits on the ground or on elevations (stones, sea cucumbers, sea squirts, sponges etc.), stretching some of its arms upwards to catch passing food particles. It is protected from enemies by its numerous spines.

Brauner Schlangenstern – *Ophioderma longicaudum* – Brown Brittle-Star

Stacheliger Schlangenstern – *Ophiothrix quinquemaculata* – Common Brittle-Star

SEEIGEL - ECHINOIDEA - SEA URCHINS

Ihr ovaler oder im Extremfall scheibenförmiger Körper besitzt keine Arme. Ineinander verwachsene Skelettplatten bilden ein Gehäuse, durch das fünf Doppelreihen an Saugfüßchen ragen (Ambulakralplatten). Lange bewegliche Stacheln stehen über das Gehäuse verteilt, besonders häufig auf den breiten Interambulakralplatten. Seeigel fressen hauptsächlich Algen, die sie mit ihrem starken, fünfzähnigen Gebiß vom Untergrund abschaben.

The bodies of these relatives of the starfish vary from the almost globular shape of sea urchins to the flat discs of sand dollars. The body is covered with long, flexible spines and there are five double rows of tube feet. The mouth bears five strong teeth and faces downwards to the sea bed where sea urchins graze on algae and detritus.
(Schmid et al. 1990:144)

Melonenseeigel - *Echinus melo* - Melon Sea Urchin

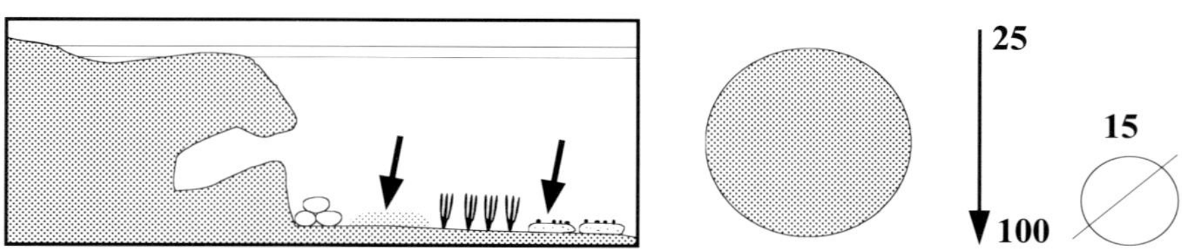

Der Melonenseeigel hat eine hochgewölbte, fast rundliche Schale, die relativ dünn ist. Er ist sehr leicht mit *E. acutus* zu verwechseln, der jedoch eine doppelte Anzahl der langen Primärstacheln hat.

The melon sea urchin has a highly arched, almost round shell which is relatively thin. It is easily confused with *E. acutus* which, however, has double the number of long primary spines.

ECHINOIDEA

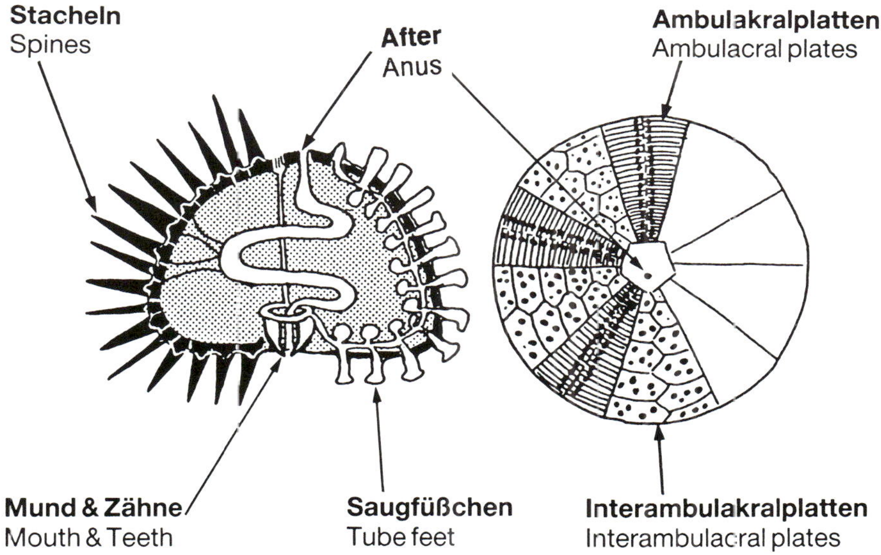

Melonenseeigel – *Echinus melo* – Melon Sea Urchin

Steinseeigel - *Paracentrotus lividus* - Stony Sea Urchin

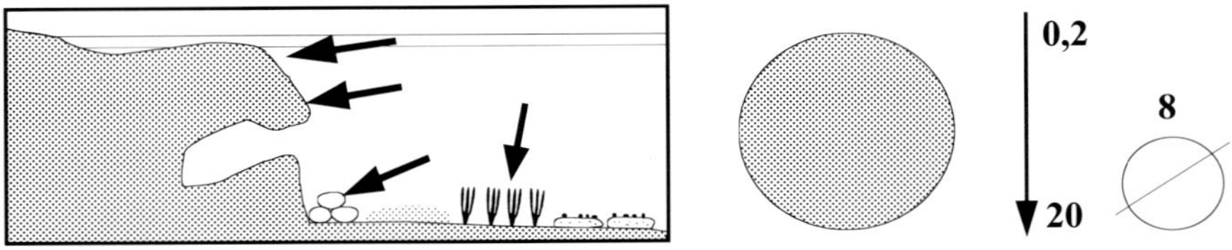

Seine Färbung kann zwischen dunkelbraun, grün und violett variieren, ist jedoch nie rein schwarz. Er hält mit seinen Saugfüßchen Algen, Steine oder andere Materialien fest, was aber nicht als Tarnung anzusehen ist. In verschmutzten (eutrophierten) Meeresgebieten kann er massenhaft auftreten.

The colour of the stony sea urchin varies between dark brown, green and violet but it is never completely black. With its tube feet it holds algae, stones or other hard materials to its body. This should however not be regarded as camouflage. In polluted (eutrophic) areas it may be very abundant.

Schwarzer Seeigel - *Arbacia lixula* - Black Sea-Urchin

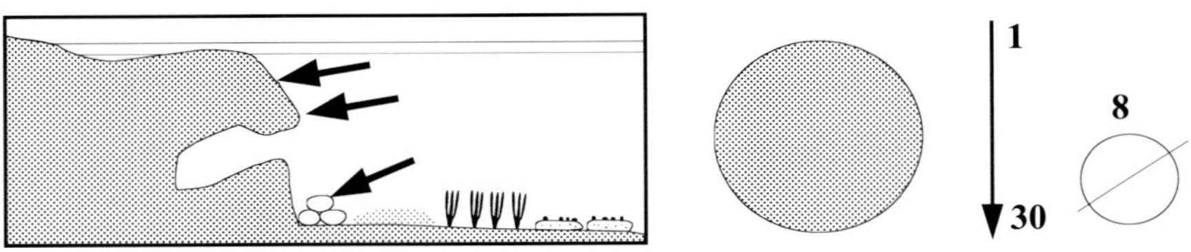

Diese Art ist nur samt-schwarz gefärbt und kann keine Fremdkörper festhalten, da sie an ihrer Oberseite keine Saugfüßchen hat. Seeigel ernähren sich hauptsächlich von Algen, die sie mit einem komplizierten, mit fünf Zähnen versehenen Freßwerkzeug („Laterne des Aristoteles“) abnagen.

This sea urchin is black and is not able to grasp foreign bodies as the species described above can because its tube feet have no suckers on the upper side. It feeds mostly on algae which it scrapes off with its five teeth (“Aristotle’s Lantern”).

Steinseeigel – *Paracentrotus lividus* – Stony Sea Urchin

Schwarzer Seeigel – *Arbacia lixula* – Black Sea Urchin

Violetter Seeigel - *Sphaerechinus granularis* - Violet Sea Urchin

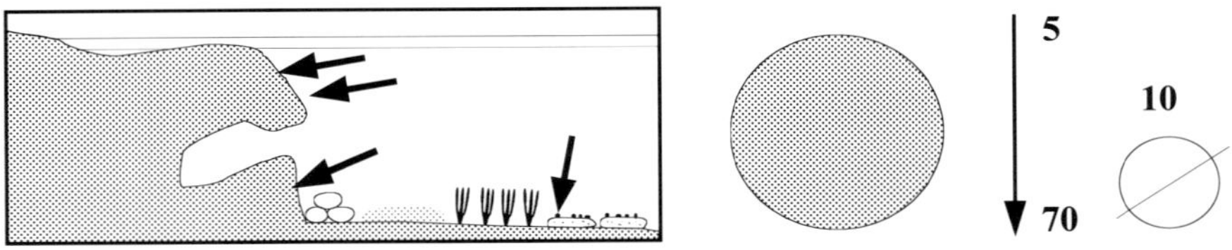

Die kurzen Stacheln sind mit weißen Spitzen versehen oder manchmal ganz weiß. Als zusätzliche Abwehr hat er kleine giftige Zangen (Pedicellarien), die allerdings dem Menschen nichts anhaben können. Zur Laichzeit können sich diese Tiere zu dichten Gruppen versammeln.

The short spines of the violet sea urchin are white or have white tips. As an additional defensive weapon it has small toxic pedicillariae which however do not harm human skin. At spawning time these animals may crow together into large groups.

Kletterseeigel - *Psammechinus microtuberculatus* - Green Sea Urchin

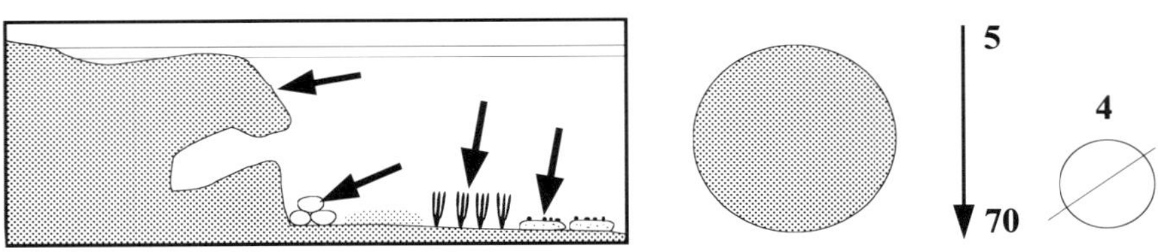

Diese kleine Art klettert besonders im Seegras und in hohen Algenbeständen, ist aber auch unter Steinen und auf Korallengrund zu finden. Die Färbung schwankt entsprechend zwischen braun und grün.

This small species likes to climb especially in seagrass or in long algae but is also found under stones and coral grounds. The colour varies according to the surroundings from brown to green.

Violetter Seeigel - *Spaerechinus granularis* - Violet Sea Urchin

Kletterseeigel - *Psammechinus microtuberculatus* - Green Sea Urchin

Diademseeigel - *Centrostephanus longispinus* - Long-Spined Sea Urchin

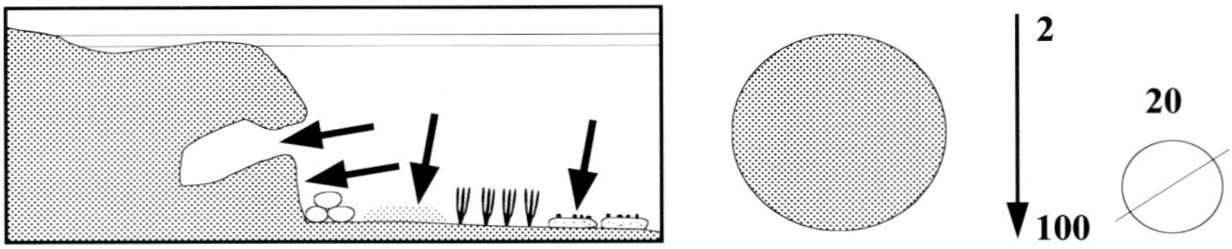

Er ist im westlichen Mittelmeer meist nur auf tiefen Schlammgründen, gelegentlich auch schon ab 10 m und auch auf Felsengrund, im östlichen jedoch auf seichten Felsen zu finden. Dort versteckt er sich tagsüber in Löchern, die er nachts zur Nahrungssuche verläßt.

In the western Mediterranean it is mostly found on deep muddy grounds, rarely although found on shallow rocky grounds in the eastern part however on shallow rocks where during the day it hides in crevices and during the night searches for food.

Herzseeigel - *Schizaster canaliferus* - Heart Urchin

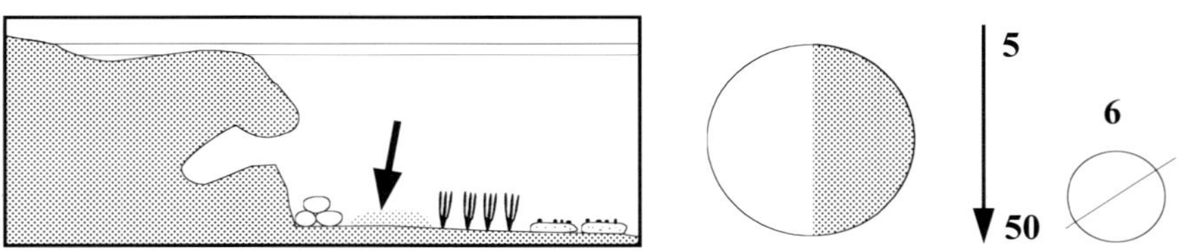

Dieser bilateral symmetrische Seeigel lebt im Weichboden eingegraben und trägt weiche, borstenartige Stacheln. Um atmen zu können, bohrt er mit einigen extrem langen Füßchen Löcher bis zur Oberfläche des Bodens. Fallweise findet man die äußerst zerbrechlichen Skelette (Insert).

This bilaterally symmetrical sea urchin lives buried in soft ground and is covered with soft bristly spines. In order to breathe it digs passages with its elongated tube feet up to the surface of the sea bed. Sometimes one can find the extremely fragile skeleton (inset).

Diademseeigel - *Centrostephanus longispinus* - Long-Spined Sea Urchin

Herzseeigel - *Schizaster canaliferus* - Heart Urchin

SEEGURKEN - HOLOTHUROIDEA - HOLOTHURIANS

Diese Tiere sind eng verwandt mit den Seesternen. Sie haben einen gurkenförmigen bis wurstartigen Körper ohne Arme und Stacheln. Das Skelett ist bis auf Kalkblättchen und Kalknadeln reduziert, welche in die lederartige Haut eingebettet sind. Sie dienen der genauen Artbestimmung. Der Rücken ist oft mit nippelförmigen Fortsätzen besetzt. Saugfüßchen stehen hauptsächlich auf der Bauchseite. Bei grober Berührung stoßen einige Arten zur Abschreckung stark klebrige Fäden aus. Das Fleisch ist gewöhnlich giftig, manche Arten werden aber in Asien nach spezieller Vorbehandlung gegessen.

These relatives of the starfish have a leathery, cucumber- or sausage-shaped body without arms and spines. Their skeleton is reduced to a few scattered calcareous plates embedded in the leathery body wall. They are an important taxonomic feature. Usually the back is covered with nipple-like or warty appendages. Tube feet are mostly on the bottom. Some kinds cast out sticky threads when disturbed. Their flesh is poisonous to eat, but after special preparation some species are used for food in Asian countries.
(Schmid et al. 1990: 152)

Forskals Seegurke - *Holothuria forskali* - Cotton-Spinner

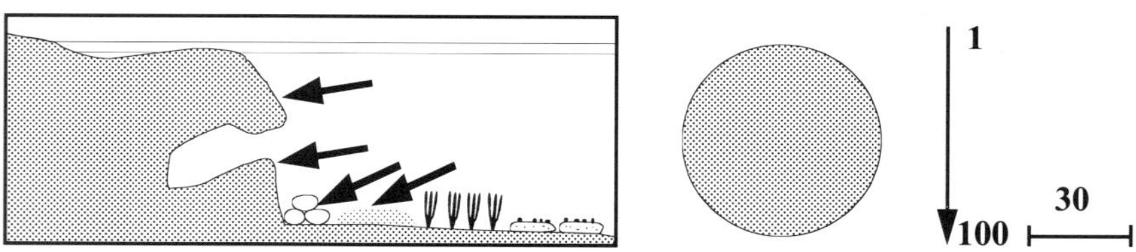

Diese Art besiedelt sowohl Sand- als auch Felsböden. Je nach Standort ist ihre Färbung unterschiedlich: Auf Sandgrund ist sie dunkel, auf Felsen (insbesondere in Höhlen) ist sie braun mit weißen Ringen. Zur Abwehr schleudert sie weiße, klebrige Fäden (Cuviersche Schläuche) aus. Während der Laichzeit richten die männlichen Tiere ihren Vorderkörper zur Samenabgabe auf (Insert).

This species has dark colour when it lives on sand but is brown with whitish rings when it lives on rocks or in caves. In defence it emits sticky white threads (cuvieran tubules). During the spawning seasons the males bring their front part into an upright position (inset) to deliver sperm.

HOLOTHUROIDEA

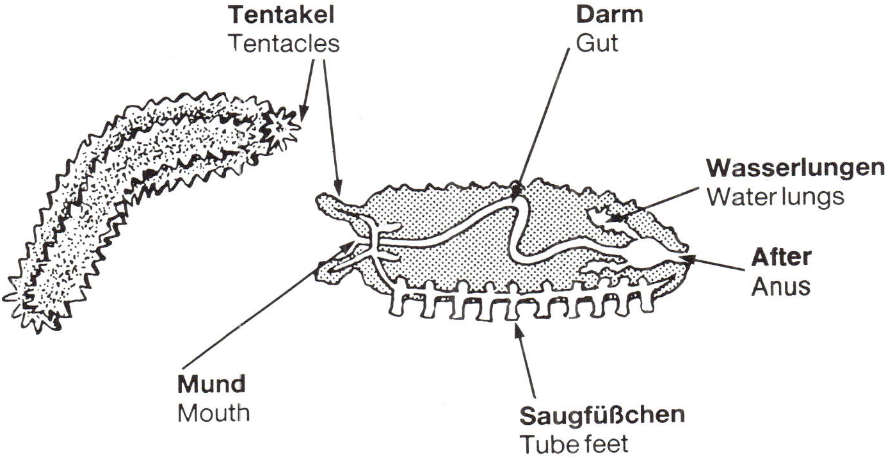

Forskals Seegurke – *Holothuria forskali* – Cotton-Spinner

Röhrenholothurie - *Holothuria tubulosa* - Brown Sea Cucumber

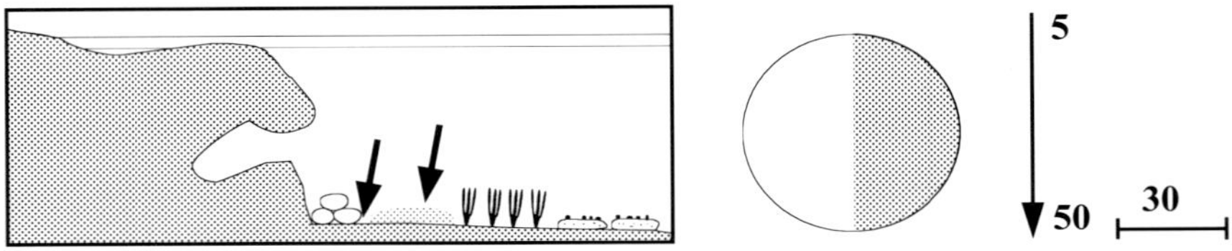

Die Röhrenholothurie ist wohl die häufigste Seegurke im Mittelmeer. Sie lebt oft in Massen sowohl auf Sand- als auch auf Mischböden. Es ist allerdings oft nicht leicht, sie von der dunkel gefärbten Forskals Seegurke zu unterscheiden. Ein sicheres Merkmal ist jedoch, daß die Röhrenholothurie bei kräftiger Berührung keine klebrigen Fäden ausstoßen kann.

The brown sea cucumber is the most common holothurian species in the Mediterranean. It is often found in masses on sandy or mixed bottoms. It is not easy to distinguish it from the dark coloured cotton-spinner. An infallible criterion is that the brown sea cucumber does not emit sticky threads when disturbed.

Königsholothurie - *Stichopus regalis* - King's Holothurian

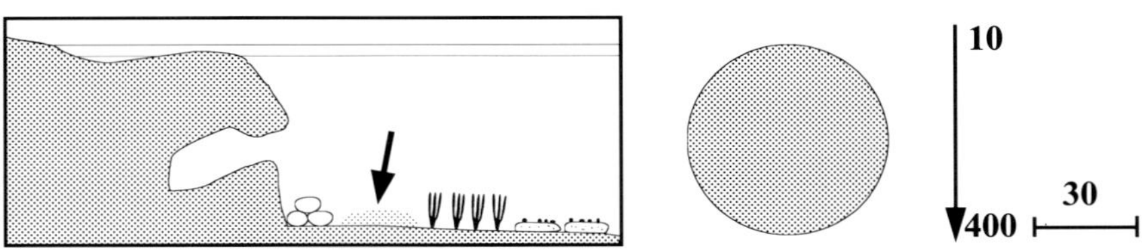

Die Königsholothurie weicht vom rundlichen Querschnitt der anderen Arten ab; sie ist abgeflacht und mit seitlichen Auswüchsen versehen. Dies verhindert das Einsinken in sehr weiche Schlammböden, auf denen sie sich bevorzugt aufhält. Die Mundöffnung befindet sich etwas eingedrückt an der Unterseite.

The king's holothurian differs somewhat from the rounded form of the other species; it is flattened and enlarged by lateral outgrowths. These prevent it from sinking into the very soft bottom where it prefers to live. The mouth opening is situated ventrally.

Röhrenholothurie – *Holothuria tubulosa* – Brown Sea Cucumber

Königsholothurie – *Stichopus regalis* – King's Holothurian

Kletter-Holothurie - *Cucumaria planci* - Climbing Sea Cucumber

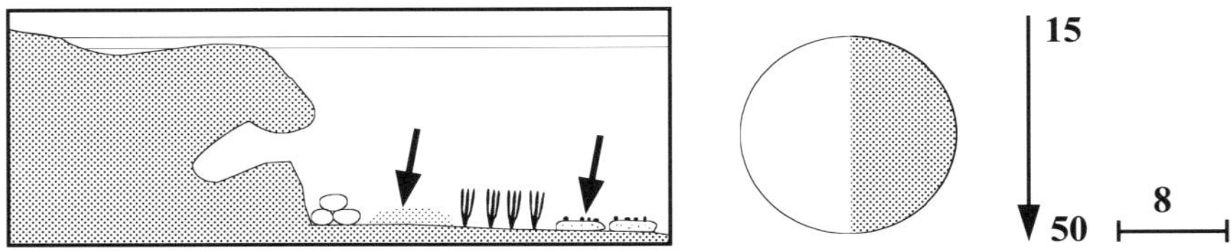

Sie besitzt stark verzweigte Tentakel, die sie mit aufgerichtetem Vorderkörper der Strömung aussetzt, um Nahrungspartikel herauszufiltern. Dabei klebt sie sich mit Hilfe von Saugwarzen am Untergrund fest.

This species filters food particles out of the water by spreading its branched tentacles out into the current. In doing so it erects its front half while remaining attached to the ground by its sucker-like warts.

Wurmholothurie - *Polyplectana kefersteini* - Worm Holothurian

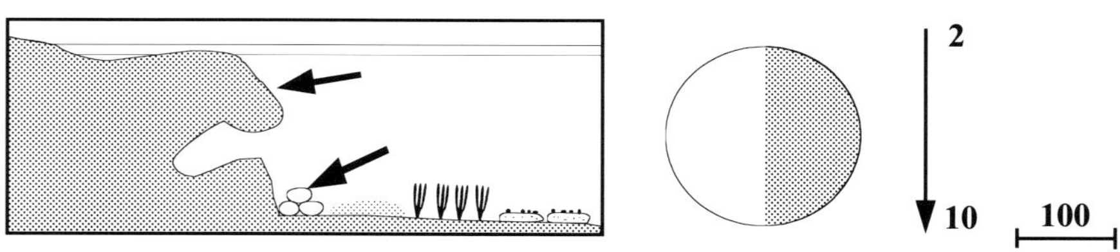

Diese indo-pazifische Art ist durch den Suezkanal aus dem Roten Meer eingewandert. Sie ist nur im östlichen Mittelmeer, besonders an der türkischen Südküste, zu finden.

This Indo-Pacific species has migrated from the Red Sea through the Suez Canal. It is only found in the eastern Mediterranean, especially on the southers coast of Turkey.

Kletter-Holothurie – *Cucumaria planci* – Climbing Sea Cucumber

Wurmholothurie – *Polyplectana kefersteini* – Worm Holothurian

IGELWÜRMER, SPRITZWÜRMER - ECHIURIDS, SIPUNCULIDS

Rüssel- oder Igelwurm - *Bonellia viridis* - Green Bonellia

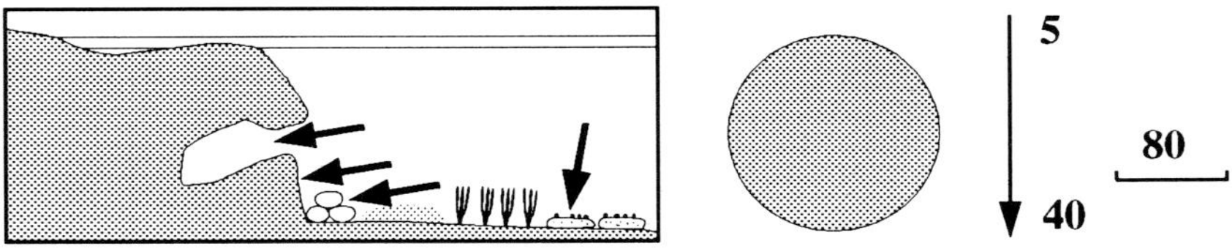

Diese Art gehört zum Stamm der Igelwürmer **(Echiurida)**. Der hühnereigroße Körper der weiblichen Tiere steckt in Felslöchern, der zweigeteilte Kopflappen wird gegen Abend zur Nahrungsaufnahme bis über einen Meter hervorgestreckt. Die nur bis zu drei Millimeter großen Zwergmännchen heften sich an den Körper der Weibchen.

This species belongs to the phylum of *Echiuridea.* The female has a body the size of a hen's egg and hides in crevices. At dusk it stretches its bipartite head-lobe out to a length of up to one metre to feed. The dwarf males only grow to a length of 3 mm and cling to the bodies of the females.

Spritzwurm - *Sipunculus nudus* - Peanut Worm

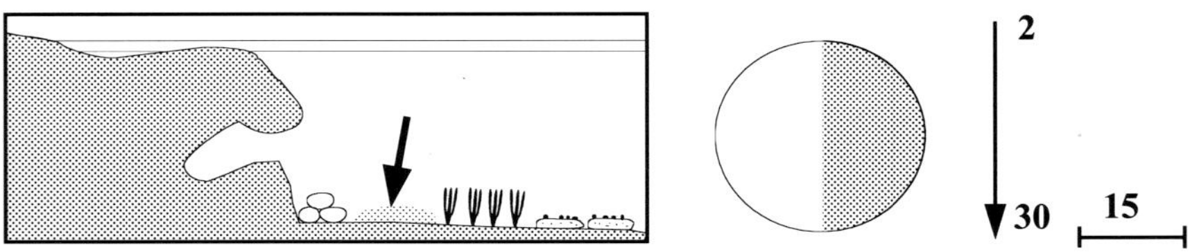

Die Spritzwürmer **(Sipunculida)** bilden in der Systematik einen eigenen Stamm. Diese Art lebt senkrecht in den Weichboden eingegraben. Als Nahrung dienen ihr organische Bodenbestandteile und Kleinlebewesen. Sie ist getrenntgeschlechtlich und gibt Eier und Samen ins freie Wasser ab.

This sipunculids form a phylum of their own. This species lives buried in soft ground and feeds on organic matter and small orgnanisms. The sexes are different and deliver eggs and sperm into the open water.

Rüssel- oder Igelwurm – *Bonellia viridis* – Green Bonellia

Spritzwurm – *Sipunculus nudus* – Peanut Worm

BORSTENWÜRMER - POLYCHAETA - POLYCHAETS

Würmer mit äußerlich sichtbarer Segmentierung. Jedes Segment trägt seitlich stummelförmige Fortsätze mit gebündelt oder in Reihen stehenden Borsten. Sie werden in seßhafte, planktonfressende **Sedentaria** (Festsitzende) und freilebende räuberische Arten, **Errantia** (Umherirrende) unterteilt. Die Planktonfresser leben in - am Untergrund festgewachsenen - Wohnröhren; ihre Kopfanhänge sind zu spiraligen Tentakelkronen oder Fächern umgebildet, während die räuberischen Arten unterschiedliche Kopfanhängsel und scharfe Kiefer haben.

These segmented worms have bunches of bristles projecting from each segment. Some live in permanent tubes and feed on plankton, while others are free-living predators that actively stalk their prey. The plankton-feeders have magnificent feather-like crowns or spiral fans of tentacles to filter the water. The predators have tentacles and sharp jaws to detect and capture their prey.
(Schmid et al. 1990:84)

Feuerwurm - *Hermodice carunculata* - Rag worm

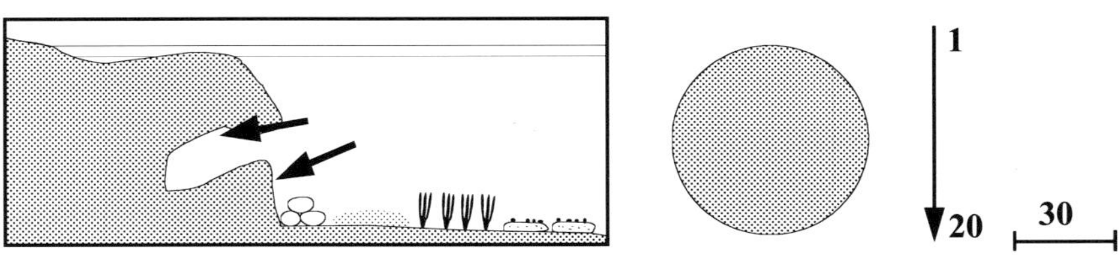

Dieser Borstenwurm ist weltweit verbreitet und bevorzugt beschattetes Gelände. Er ernährt sich hauptsächlich von Aas und besitzt an jedem seiner Körperglieder mehrere Büschel feiner zerbrechlicher Borsten, die bei Berührung in die Haut eindringen, steckenbleiben und dort schmerzhafte Entzündungen hervorrufen.

This ragworm is found worldwide in all seas and it prefers shady substrates. It feeds mainly on dead animals. Its body consists of many even segments, each carrying bunches of glass-like bristles that penetrate the skin when touched and cause painful infections.

POLYCHAETA

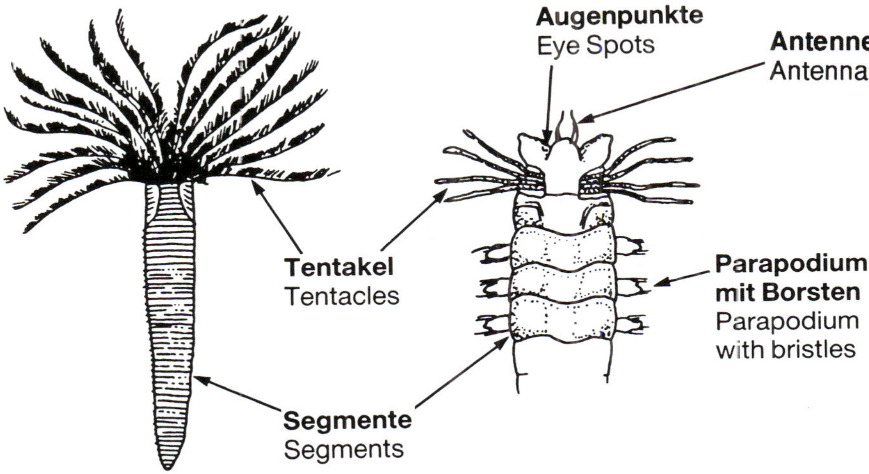

Feuerwurm - *Hermodice carunculata* - Rag Worm

Nebel-Eupolymnie - *Eupolymnia nebulosa* - Misty Tube Worm

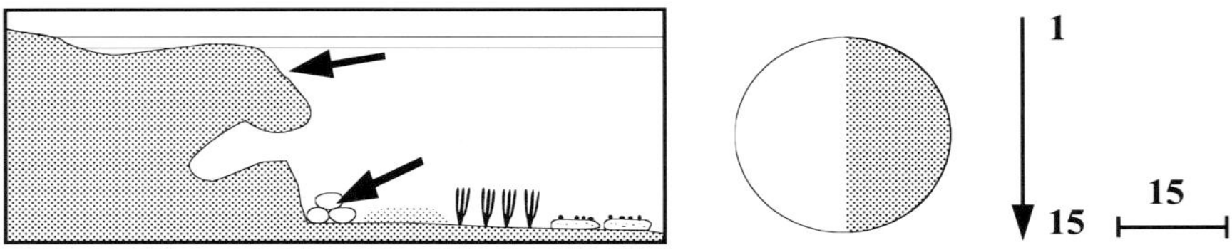

Dieser Borstenwurm versteckt seinen Körper in einer Röhre aus Sandkörnern, Steinchen und Muschelstückchen, die er in Felsspalten oder unter Steinen befestigt hat. Zur Nahrungssuche streckt er zahlreiche klebrige Fäden hervor, die wie Leimruten Nahrungsteilchen festhalten.

This ragworm lives inside a tube made of sand, small stones and pieces of shell which is fixed into a crevice or onto the underside of a stone. It produces very sticky threads which it stretches out to catch food.

SABELLEN - *SABELLIDAE* - SABELLIDS

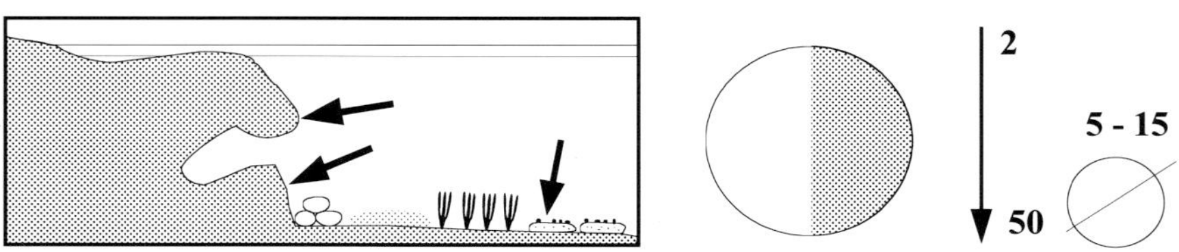

Diese Röhrenwürmer bauen mit Hilfe von Schleim und anorganischem Material eine pergamentartige Hülle, aus der sie ihre Tentakelkrone zum Nahrungserwerb hervorstrecken. Sie reagieren äußerst empfindlich auf verschiedene Reize und ziehen sich blitzschnell zurück, wobei sich der Röhreneingang schließt.

These tube worms build a parchment-like tube of mucus and anorganic substances out of which they stretch their crown of tentacles to collect food. They react extremely sensitively to stimuly and retreat quickly into the tube which closes above them.

Nebel-Eupolymnie – *Eupolymnia nebulosa* – Misty Tube Worm

Schlicksabelle – *Myxicola infundibulum* – Fan Worm

Schraubensabelle – *Spirographis spallanzani* – Spirograph
einfache (oben) und spiralige Tentakelkrone (unten) –
single (above) and spiral crown of tentacles

Pfauenfederwurm – *Sabella pavonina* – Peacock Worm

Doppelspiralenwurm – *Bispira volutacornis* – Feather Duster Worm

KALKRÖHRENWÜRMER - SERPULIDAE - CALCAREOUS TUBE WORMS

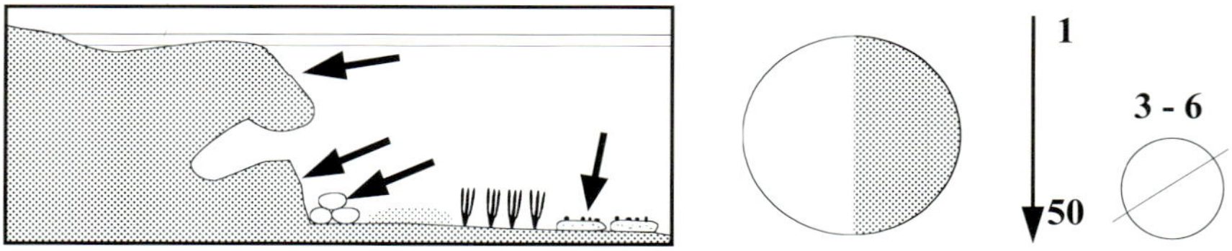

Die zunächst weißen, später von Algen bewachsenen Röhren dieser Würmer bestehen aus Kalk und werden mit dem Wachstum verlängert und im Querschnitt erweitert. Nur der Deckel-Kalkröhrenwurm besitzt einen verfestigten Deckel, mit dem die Öffnung nach dem Zurückziehen verschlossen wird (Insert).

The calcareous tubes of these species are white at first but soon get covered by algae. As the animals grow the tubes are enlarged in length and diameter. Only the opercular tube worm has a cone-shaped operculum to close the tube when retracted (inset).

Roter Kalkröhrenwurm - *Protula intestinum* - Red Calcareous Tube-Worm

Weißer Kalkröhrenwurm - *Protula tubularia* - White Calcareous Tube Worm

Deckel-Kalkröhrenwurm - *Serpula vermicularis* - Opercular Tube Worm

Filigraner Röhrenwurm - *Filograna implexa* - Filigree Tube Worm

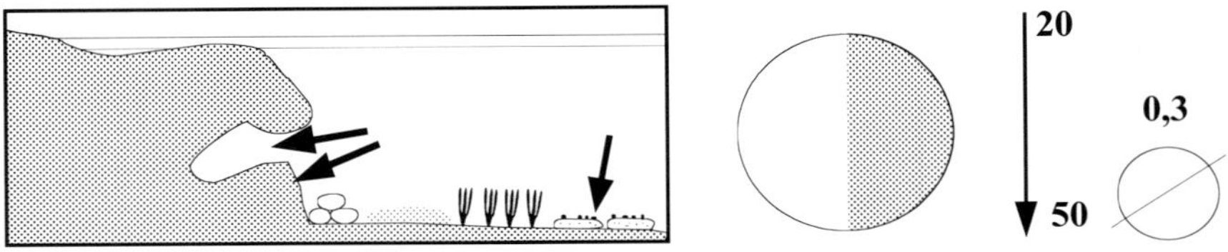

Er bildet Kolonien, indem zahlreiche Einzeltiere ihre spaghettiartigen Kalkröhren aneinanderkleben. Die unter einen Millimeter im Querschnitt messenden Röhren sind sehr zerbrechlich, so daß die Tiere nur in Gebieten ohne stärkere Wasserbewegung vorkommen.

The filigree tube worm lives in colonies of densely-packed spaghetti-like calcareous tubes. These tubes are less than one millimetre in diameter and are so fragile that this species can only live in calm waters.

Dreikantröhrenwurm - *Pomatoceros triqueter* - Keel Worm

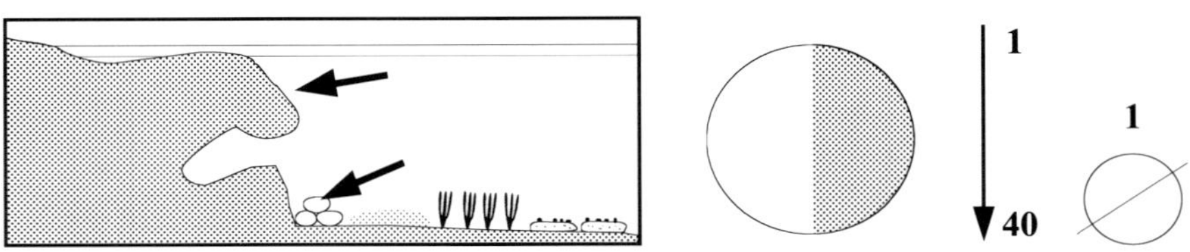

Die dreikantigen Röhren, die mit einem trompetenförmigen Deckel verschlossen werden können, kleben oft in großer Zahl an Steinen, aber auch an Muscheln und anderen festen Gegenständen. Ihr Kennzeichen ist ein scharfer Zahn an der Gehäusemündung, der bei unvorsichtiger Berührung Schnittwunden hervorruft.

The triangular tubes of this species can be closed by a trumpet-shaped operculum. Whole groups of them stick not only to stones but also to shells and other solid structures. They can be identified by a sharp tooth at the edge of the tube's opening which can cause cuts when touched.

Filigraner Röhrenwurm - *Filograna implexa* - Filigree Tube Worm

Dreikantröhrenwurm - *Pomatoceros triqueter* - Keel Worm

MOOSTIERCHEN - BRYOZOA - BRYOZOANS

Im Stamm der **Tentaculata** werden einige, hauptsächlich im Meer lebende Tiergruppen zusammengefaßt, bei denen die Mundöffnung von einem Tentakelkranz umgeben ist. Am artenreichsten ist die Klasse der Moostierchen, deren meiste Vertreter Meeresbewohner sind. Sie sind festgewachsen und bilden Kolonien, die, ähnlich wie die Steinkorallen, Kalkskelette aufbauen. Jedes Einzeltier („Polypid") sitzt in einer eigenen Kammer, steht jedoch mit den Nachbarpolypen in Verbindung. Die zerbrechlichen Skelette sind im lebenden Zustand rötlich oder lachsrosa gefärbt. Nach dem Trocknen bleichen sie jedoch aus.

The phylum of **Tentaculata** includes some groups of animals, mainly marine ones, in which the mouth-opening is surrounded by a corona of tentacles. The class of the Bryozoans has the greatest variety of species, most of which are sea-dwellers. They are sessile and form colonies which, like the stone corals, build calcareous skeletons. Each single animal ("polypid") sits in a chamber of its own yet remains in contact with the neighbouring polyps. The fragile skeletons are reddish or salmon-pink when alive but bleach when the dry.

Fächer-Moostierchen - *Hineksinoflustra octoolon* - Fan Bryozoan

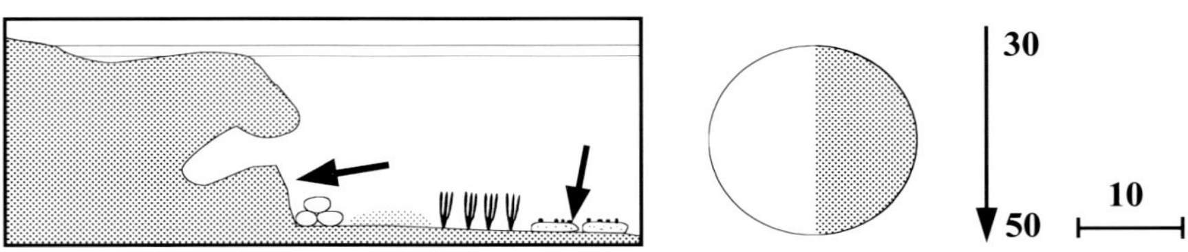

Die Zweige der Fächer-Moostierchen-Kolonie sind rundlich, jedoch nur in einer Ebene verzweigt, so daß durch ständiges Längenwachstum und Zweiteilung der Äste dichte, etwas gebogene, längliche Fächer entstehen, die nur selten in mehreren Reihen hintereinander stehen.

The branches of the fan bryozoan are rounded but arranged in one plane only. As the branches continually grow and divide they form long dense fans which only occasionally occur in several rows behind each other.

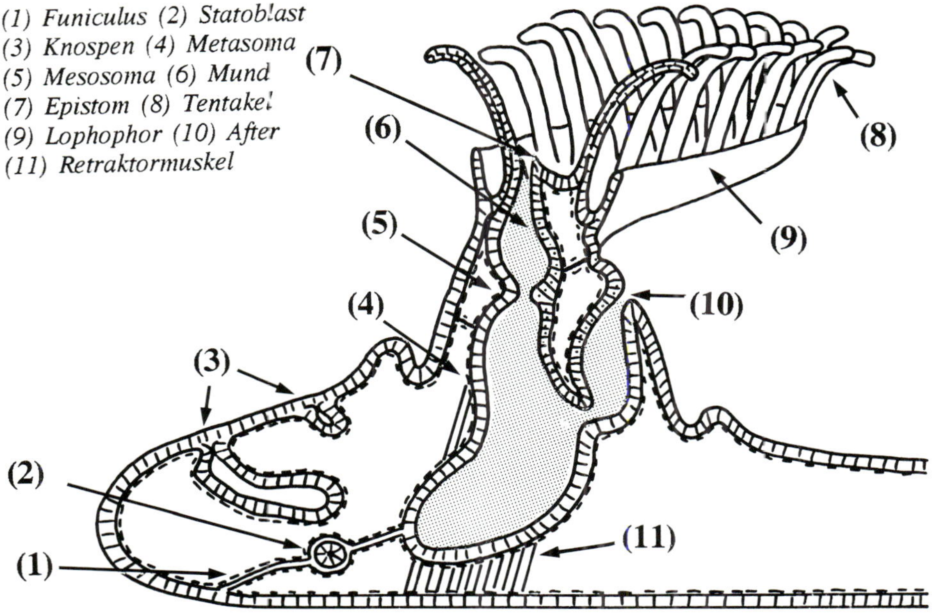

Bauplan der Bryozoa (Phylactolaemata)

Fächer-Moostierchen – *Hineksinoflustra octoolon* – Fan Bryozoan

Hirschgeweih-Moostierchen - *Smittina cervicornis* - Staghorn Rose Coral

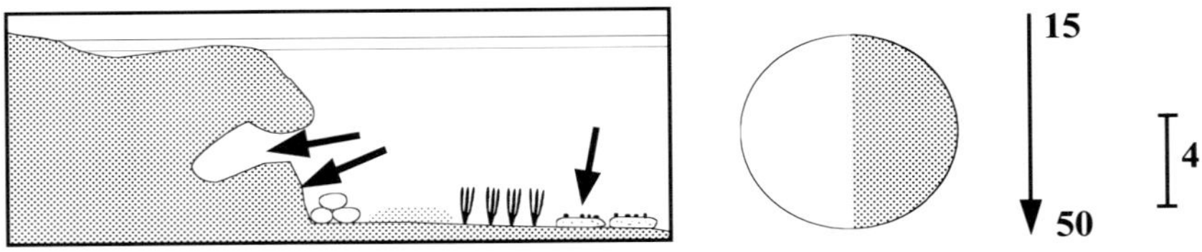

Dieses Moostierchen besitzt rundliche bis abgeflachte Äste, die nur seitlich verzweigt sind und so fächerförmige Strukturen aufbauen, die aber in mehreren Reihen hintereinander stehen und so den Eindruck von buschigen Kolonien machen.

The staghorn rose coral consists of rounded or somewhat flattened branches that are divided in one plane only to form fan-like structures that are arranged in several rows behind each other, giving the whole colony a bushy appearance.

Rotbraunes Krustenmoostierchen - *Schizobrachiella sanguinea* - Bryozoan Cover

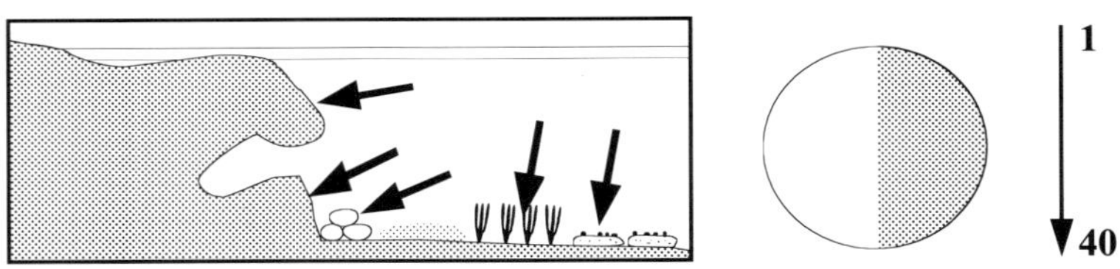

Diese Art bildet Überzüge auf festen Substraten wie Steinen, Muschelschalen, Schiffsböden u.a., wobei die Kammern in einer Lage angeordnet sind. In besonders geschützten Lagen bildet sie auch aufrechte, trichterförmige Kolonien.

This species covers hard substrates like stones, shells, bottoms of boats etc. whereby the chambers are arranged in one layer. In particularly protected sites it forms funnel-shaped upright colonies.

Hirschgeweih-Moostierchen – *Smittina cervicornis* – Staghorn Rose Coral

Rotbraunes Krustentierchen – *Schizobrachiella sanguinea* – Bryozoan Cover

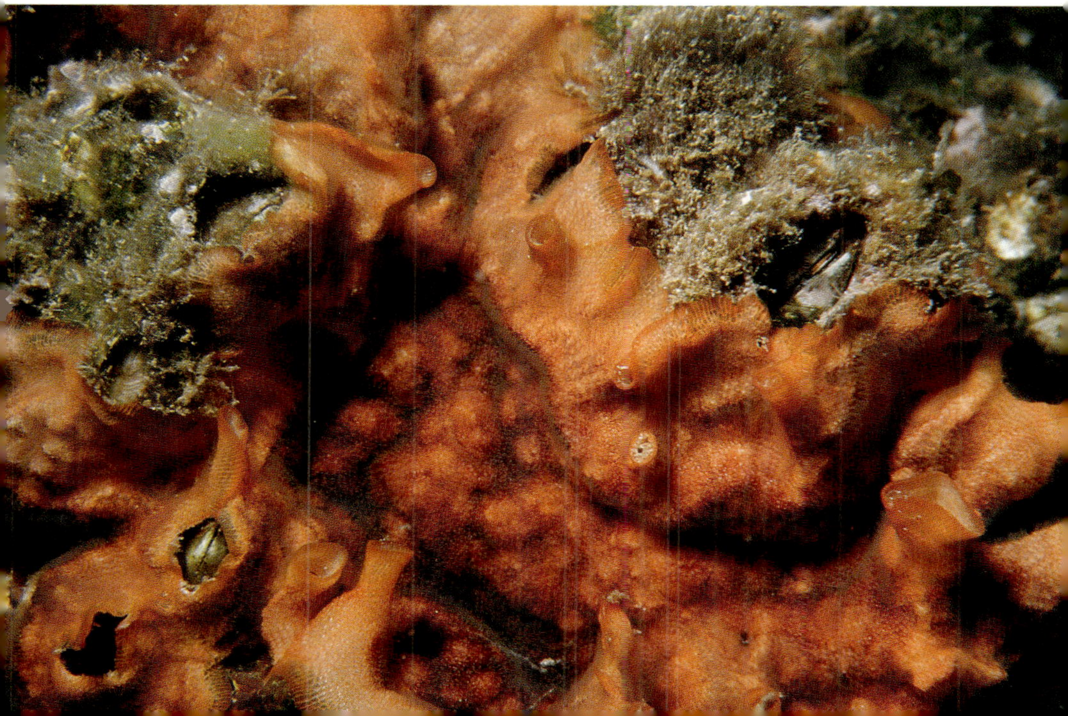

Neptunschleier - *Sertella beaniana* - Mermaid's Veil

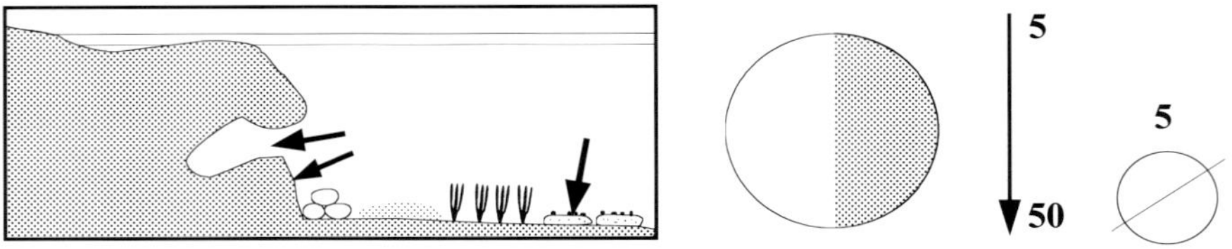

Dieser Vertreter der Moostierchen bildet ein äußerst zerbrechliches, an Spitzen erinnerndes Maschennetz. Die Kolonien entstehen durch Knospung aus einem einzigen „Muttertier", das sich als Larve am Untergrund festgesetzt hat.

This bryozoan forms a very fragile network resembling lace. The colony develops by asexual gemmation from one "parent" individual which as a larva has attached itself to the site.

Trug- oder Hundskoralle - *Myriapora truncata* - False Coral

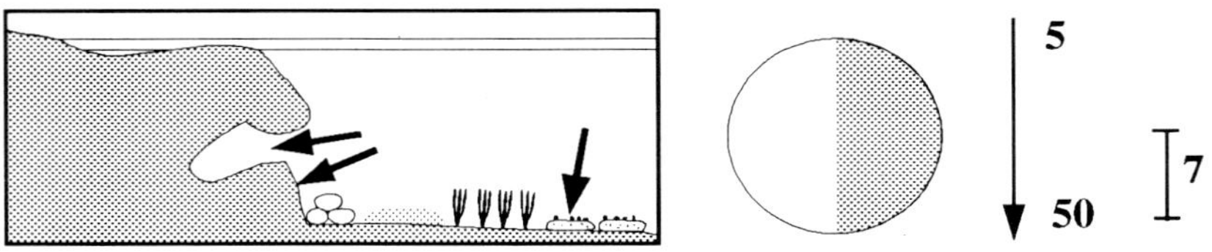

Sie wird oft mit der Edelkoralle (Seite 46) verwechselt, von der sie jedoch leicht zu unterscheiden ist; ihr Skelett ist brüchiger, da die elastische Hornsubstanz fehlt; die runden Äste sind gleichmäßig dick und bleichen beim Trocknen aus. Die büschelförmigen Tentakelkronen sind kaum zu erkennen (Insert).

The false coral is often confused with the red coral (page 46) from which it can however easily be distinguished: its skeleton is more fragile as it lacks elastic horny substances. The round branches are all the same thickness and bleach when dried. The crown of tentacles (inset) is difficult to see.

Neptunschleier - *Sertella beaniana* – Mermaid's Veil

Trug- oder Hundskoralle - *Myriapora truncata* – False Coral

MANTELTIERE - TUNICATA - TUNICATES

In der Mehrzahl flaschenförmige Tiere, welche einzeln oder in großen Kolonien vorkommen. **Seescheiden** haften fest am Untergrund, während **Salpen** frei schwimmen. Ihr Körper ist von einer gelatinösen oder ledrigen Hülle (Tunica) umgeben. Sie haben gewöhnlich zwei erhabene Körperöffnungen, einen Ansaugsiphon und einen Ausfuhrsiphon, über die der Wasserstrom durch den Körper geleitet wird. Ihr großer Kiemenkorb dient der Atmung und dem Nahrungserwerb; eine Flimmerrinne produziert an seinem Boden lange Schleimbänder, an denen kleinste Planktonpartikel hängenbleiben.

Sea Squirts look a little like sponges. Some are single, large leathery animals attached to the bottom. Others form colonies of small individuals in a common jelly-like mass that spreads over a firm surface. Salps are free swimming. Water is pumped through an inhalant opening into a large gullet with basket-shaped gills. They filter the plankton by producing strings of mucus that trap the smallest particles including bacteria. The water is then expelled through the exhalant opening. *(Schmid et al. 1990:156)*

Große Salpe - *Salpa maxima* - Big Salp

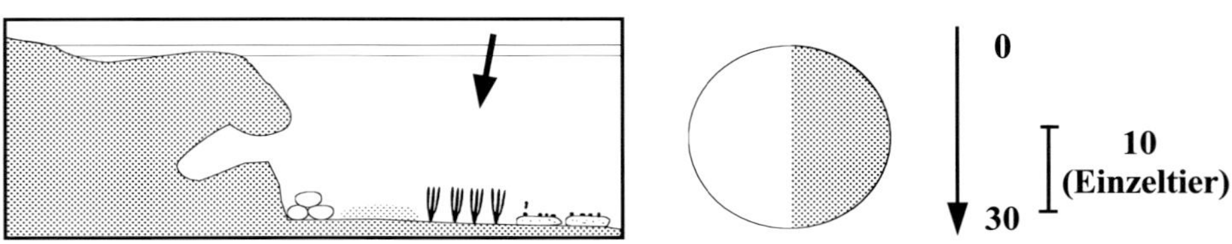

Die große Salpe oder Riesensalpe kann bis zu 40 m lange Ketten von aneinanderhängenden Einzeltieren bilden, die durch ungeschlechtliche Vermehrung aus einer „Amme" hervorgegangen sind. In jedem dieser Tiere entsteht ein Ei, das sich nach der Befruchtung im Innern weiterentwickelt.

The big salp forms long chains up to 40 metres in length of single individuals which have been produced by asexual reproduction from a single "parent" animal. Each of these individuals produces an egg which continues to develop inside it after fertilization.

TUNICATA

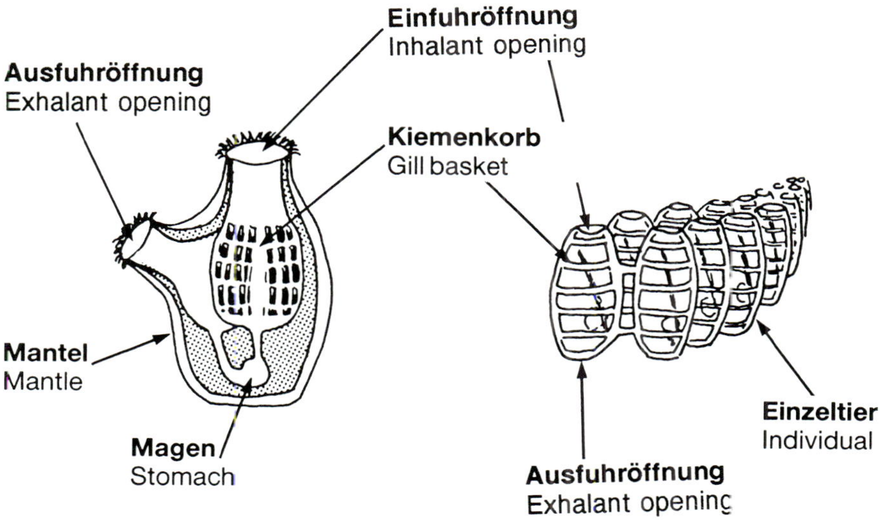

Große Salpe – *Salpa maxima* – Big Salp

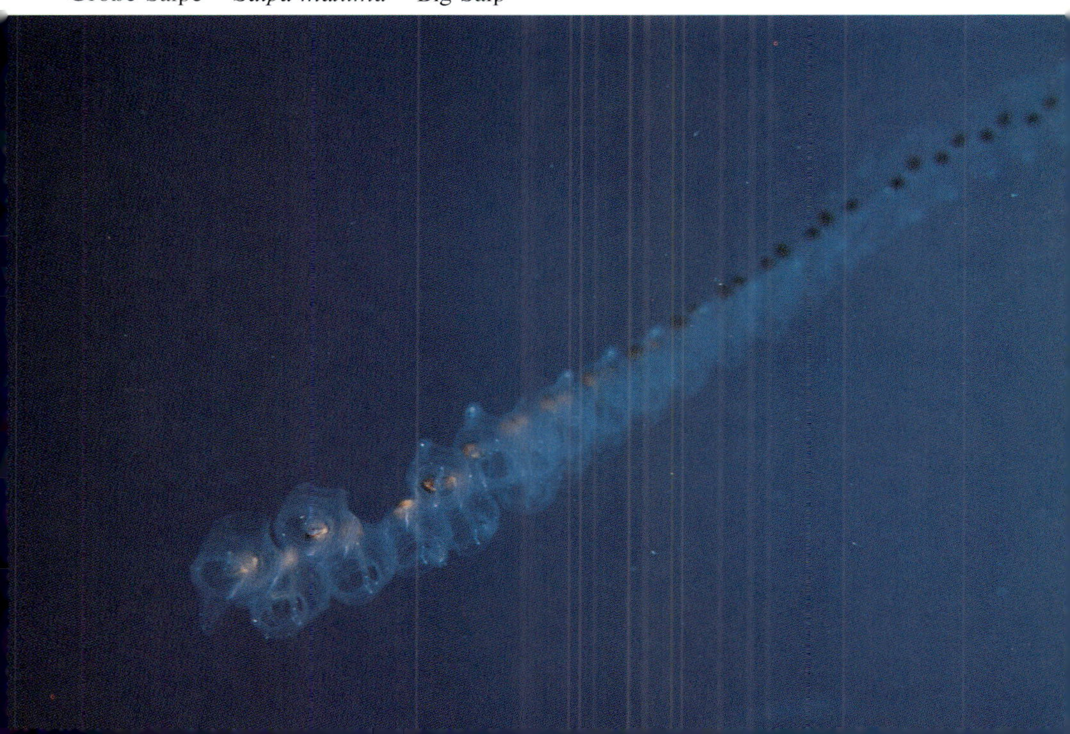

Büschel-Seescheide - *Clavelina lepadiformis* - Light-Bulb Tunicate

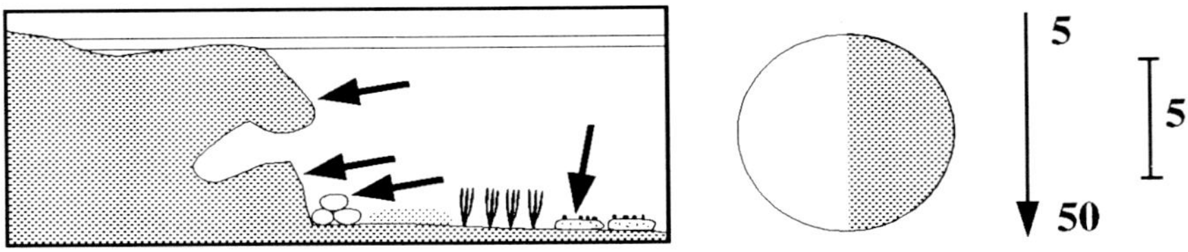

Die durchsichtige Büschel-Seescheide läßt gewisse Ähnlichkeiten mit den Salpen erkennen. Ihre beiden Körperöffnungen liegen jedoch nicht aneinander gegenüber, sondern nebeneinander, wobei die größere die Einfuhröffnung ist. Die Einzeltiere hängen nur durch dünne Ausläufer zusammen.

The transparent body of the light-bulb tunicate makes it appear similar to the salp. However, the openings for the in- and outflow of water are not situated at both ends but one beneath the other at the top of the animal. The individual animals are only linked to each other by thin branches.

Kegel-Synascidie - *Aplidium conicum* - Colonial Sea Squirt

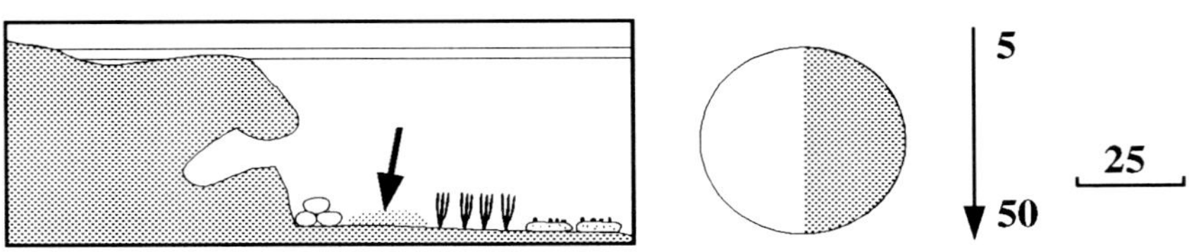

Diese große Synascidie ist aus zahlreichen, kaum 2 cm langen Individuen aufgebaut. Die Einzeltiere stehen in gut erkennbaren mäanderartigen Rinnen beisammen, getrennt durch eine gallertige Masse.

The large colonial sea squirt is made up of many tiny individuals barely 2 cm in length. They grow together in clearly recognizable meandering grooves on the surface of the colony, divided by a gelatinous mass.

Büschel-Seescheide – *Clavelina lepadiformis* – Light-Bulb Tunicate

Synascidie – *Aplidium conicum* – Colonial Sea Squirt

SOLITÄRE SEESCHEIDEN - SOLITARY SEA SQUIRTS

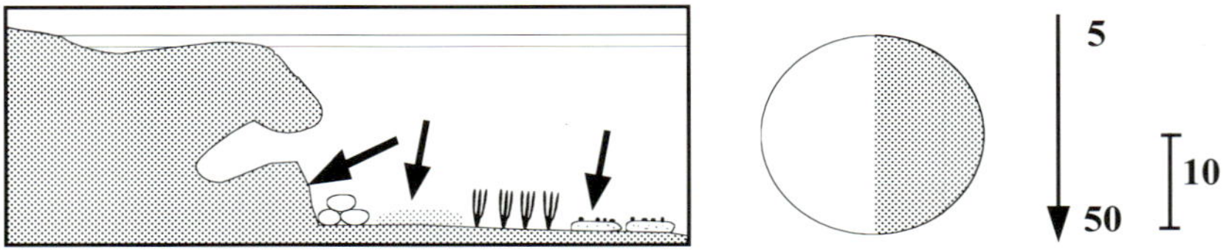

Die Einfuhröffnung ist nach oben gerichtet, die kleinere Ausfuhröffnung meist zur Seite. Auf diese Weise wird verhindert, daß verbrauchtes Wasser, Exkremente und Gechlechtsprodukte wieder in das Tier gelangen.

The intake opening faces upwards, the smaller outflow opening faces the side. This prevents used water, excrements and reproductive products from being ingested again.

Warzige Seescheide - *Phallusia sp.* - Warty Sea Squirt

Rote Seescheide – *Haiocynthia papillosa* – Red Sea Squirt

Schlauch-Seescheide – *Ciona intestinalis* – Ciona

INDEX DEUTSCH

INDEX ENGLISH

WISSENSCHAFTLICHER INDEX
SCIENTIFIC INDEX

LITERATUR (BÜCHER)[1] LITERATURE (BOOKS)[2]

Allgemeine Meereskunde und Zoologie – Basic Marine Biology and Zoology

BARNES, R.D.: Invertebrate zoology. Saunders, Philadelphia, 1974. – COUET et al.: Gefährliche Meerestiere. Jahr, Hamburg, 1981. – FINCHAM, A.A.: Basic marine biology. Univ. Press, Cambridge, 1984. – GEORGE, D. & J.: Marine life. Harrap, London, 1979. – OTT, J.: Meereskunde. UTB, Stuttgart, 1988. – PATZNER, R.A.: Meeresbiologie. Anleitung zu praktischen Arbeiten. Naglschmid, Stuttgart, 1989. – REMANE, A. et al.: Systematische Zoologie, Fischer, Stuttgart, 1976. – TARDENT, P.: Meerebiologie. Thieme, Stuttgat, 1979. – WALLS, J.G. (Ed.): Encyclopedia of marine invertebrates. TFH, Neptune USA, 1982.

Mittelmeer – Mediterranean

EBERSOLDT, M. & F.: Unterwasserwelt des Mittelmeeres. Birkhäuser, Basel, 1985. – Harris, T.: Mittelmeerführer. Parey, Hamburg, 1982. – HSÜ, K.H.: Das Mittelmeer war eine Wüste. Harnack, München, 1984. – MATTHES, D.: Die Felsenküste der Adria. Kosmos, Stuttgart, 1976. – MOOSLEITNER, I. & H.: Leben unter Wasser. Pinguin, Innsbruck, 1970. – NACHTIGALL, W.: Tiere und Pflanzen an Mittelmeerküsten. BLV, München, 1983. – RIEDL, R.: Biologie der Meereshöhlen. Parey, Hamburg, 1966. – SCHMID et al.: Exkursionsberichte Mittelmeer. Naglschmid, Stuttgart, 1985. – STEINER, H.: Beobachtungen an Niederen Tieren des Mittelmeeres. Landbuch, Hannover, 1983. – THEODOR, J.: Vie sous-marine I. Payot, Lausanne, 1964. – TOULEMONT, A. & C. RIVes: Welt unter Wasser. Belser, Stuttgart (= Sous la mer – faune et flore. Hatier, Paris), 1982. – VALENTIN, C.: Faszinierende Unterwasserwelt des Mittelmeeres. Parey, Hamburg, 1986. – Wegweiser durch die Natur der Fische und anderer Wassertiere Mitteleuropas. Das Beste, Stuttgart, 1986. WEINBERG, S.: Découvrir la méditerranée. Editions Nathan, Paris, 1992 – WENDEL, K.H.: Meerestiere, Meerespflanzen. Busse, Herford, 1971.

Bestimmungsbücher – Identification Books

CAMPBELL, A.C.: Pflanzen und Tiere der europäischen Küsten in Farbe. Kosmos, Stuttgart (= The seashore and shallow seas of Britain and Europe. Hamlyn, London), 1977. – FISCHER et al.: Mediterranee et mer noire I.: Vegetaux et

[1] Es werden hier mit Absicht nur Bücher, die im Buchhandel oder in Bibliotheken zu erhalten sind, genannt und keine wissenschaftliche Spezialliteratur. Bei speziellem Interesse wird der Leser auf die zoologischen Institute der Universitäten oder auf naturhistorische Museen hingewiesen. Für Anfragen steht die *Biologische Unterwasser-Forschungsgruppe der Universität Salzburg (BUFUS),* Zoologisches Institut der Universität, Hellbrunner Str. 34, A-5020 Salzburg, Österreich, gerne zur Verfügung.

[2] The list includes only those books which are available in book shops and libraries, and not specialized scientific literature. If you have a special interest you shouldt contact the zoology departments of universities or museums of natural history. Questions can alco be directed to the *Biologische Unterwasser-Forschungsgruppe der Universität Salzburg (BUFUS),* Zoologisches Institut der Universität, Hellbrunner Str. 34, A-5020 Salzburg, Austria.

invertebres. FAO, Rome, 1987. - GÖTHEL, H.: Farbatlas Mittelmeerfauna. Ulmer, Stuttgart, 1992 – LUTHER, W. & K. FIEDLER: Die Unterwasserfauna der Mittelmeerküsten. Parey, Hamburg, 1961. - PERRIER, R.: La faune de France 1-10. Delagrave, Paris. - RIEDL, R. (Hrsg.): Fauna und Flora des Mittelmeeres. Parey, Hamburg, 1983. - SCHMID, P. et al.: Exkursionsberichte Mittelmeer. Naglschmid, Stuttgart, 1985.

Spezielle Tiergruppen - Special Groups of Animals
D'ANGELO, G. & S. GARGUILLO: Guida alla Chonchiglie Mediterranee. Fabbri, Milano, 1978. - NORDSIEK, F.: Die europäischen Meeresschnecken 1 & 2. Fischer, Stuttgart, 1968 & 1972. - NORDSIEK, F.: Die europäischen Meeresmuscheln. Fischer, Stuttgart, 1969. - SCHMID, P. & D. PASCHKE: Unterwasserführer Rotes Meer – Niedere Tiere. Naglschmid, Stuttgart, 2. Aufl. 1990 – SCHMEKEL, L. & A. PORTMANN: Opisthobranchia des Mittelmeeres, Springer, Berlin, 1982. - TORTONESE, E.: Fauna d'Italia 6. Echinodermata. Calderini, Bologna, 1965. - TREGOUBOFF, G.: Manuel de planctologie Mediterraneenne. CNRS, Paris, 1957.

Tauchführer: Mittelmeer - Diving Guides: Mediterranean
BAUMEISTER, W. & F. BRÜMMER: Tauchführer Jugoslawien. Naglschmid, Stuttgart, 1989. - BRÜMMER, F. & W. BAUMEISTER: Tauchführer Korsika. Naglschmid, Stuttgart, 2. Aufl. 1992. - EBERSOLDT, M. & F.: Tauchführer Südfrankreich, Inseln von Hyères. Naglschmid, Stuttgart, 2. Auflage 1992; Les Iles d'Hyères. Guide Naglschmid, Stuttgart 1990 - HASS, H. & W. KATZMANN: Der Hans Hass Tauchführer. Das Mittelmeer. Molden, Wien, 1976. - KÄSINGER, H. Tauchreiseführer Sardinien. Naglschmid, Stuttgart 1990 - NAGLSCHMID, F.: Tauchführer Menorca. Naglschmid, Stuttgart, 1986. - NAGLSCHMID, F.: Tauchführer Italien. Naglschmid, Stuttgart, 1986. - NAGLSCHMID, F. et al.: Tauchführer Türkei. Naglschmid, Stuttgart, 1987. - PASCHKE, D.: Tauchführer Spanien, Costa Brava. Naglschmid, Stuttgart, 1986. - RÖDIGER, A.: Tauchführer Malta. Naglschmid, Stuttgart, 3. Aufl. 1994.